U0334325

光 明 城
LUMINOCITY

看见我们的未来

彼得·埃森曼
现代建筑的形式基础

PETER EISENMAN
THE FORMAL BASIS OF MODERN ARCHITECTURE

罗旋 安太然 贾若 | 译 江嘉玮 | 校译

同济大学出版社 TONGJI UNIVERSITY PRESS

目录
CONTENTS

译者序

困局与揭示
APORIA AND ITS DISCLOSURE

罗旋

只有在刻意回首过往的时候才看得明白，一部作品真的就是它所处时代的产物。
——约翰·海杜克，《美杜莎的面具》（John Hejduk, *Mask of Medusa*）

所以，在我们所居世界的另一端，或许竟存在这样一种文化：它醉心于空间的秩序，却将万千存在之事物归于我们不能名、不能言、不能思的范畴。
——米歇尔·福柯，《词与物》（Michel Foucault, *The Order of Things*）

　　2016 年夏天，彼得·埃森曼在整理工作室的时候，无意间找到了四十多封尘封已久的柯林·罗（Colin Rowe）的来信。这些信件写于 1963 年，其时埃森曼正在英国剑桥大学撰写博士论文《现代建筑的形式基础》，而书信的内容正是罗对这篇论文的反馈。罗在其中一封信中向埃森曼提出了一个看似简单的问题："你所说的'原理'不是普遍适用的吗，那为何要单独强调'现代'？"虽然信纸早已泛黄，但是导师柯林·罗的字句透过名曰"威望精英"的打字机字体，如今依旧入木三分且不留颜面。而埃森曼最终的论文在回答这个问题的同时，也不动声色地挑战了自己的老师。

*　本文承彼得·埃森曼教授、K.迈克尔·海斯教授以及辛西娅·戴维森女士审阅指正，特此致谢。

1　Jeffery Kipnis, "By Other Means," in *By Other Means: Notes, Projects, and Ephemera From the Miscellany of Peter Eisenman*, ed. Mathew Ford (Leiden: Global Art Affairs Publishing, 2016), 19.

2　Peter Eisenman, "Introduction," in *The Formal Basis of Modern Architecture* (Baden: Lars Müller Publishers, 2006), 19.

3　同上。

在论文完成四十二年之后的 2005 年，这本《现代建筑的形式基础》终于以德文译本的形式首次付印。次年，英文原著才通过原版影印的方式出版，其格式和内容完全忠于最初打字稿的样子。由于此前从未完整发表，这篇论文在此间四十余年里变得颇具神秘色彩。埃森曼本人回顾过往，认为这篇早早落笔却又姗姗来迟的论著是他写过的最重要也是最具决定意义的一本书。该书可以大致分为两个部分：第一部分主要基于文字阐述，铺陈一种理论架构，它包括导言以及"形式之于建筑""一般性建筑形式的属性""形式系统的发展方式"等三个章节；第二部分则结合文字和图解对八个案例进行形式分析，这些案例来自四位现代建筑大师：弗兰克·劳埃德·赖特、阿尔瓦·阿尔托、勒·柯布西耶与朱塞佩·特拉尼。

选择这四位建筑师，无疑是作者当时内心思想挣扎的反映。赖特和阿尔托这两个选择可以说是埃森曼对他的官方导师莱斯利·马丁爵士（Sir Leslie Martin）作出的艰难妥协。据杰弗里·凯普尼斯（Jeffery Kipnis）所说，作为一名现代主义风格的坚定倡导者，马丁曾试图"将埃森曼的博士论文推向抒情而人文（lyrical/humanist）的方向"。[1] 另一方面，柯布西耶和特拉尼这二者则反映了来自柯林·罗的形式主义影响。正是 1961 年夏天与罗一同游历欧洲的经历，让埃森曼学会了通过"精读"来看见建筑中的"不可见"。[2] 他的博士论文可以说是两种不同的思想相互角力的产物——人文主义还是形式主义？前者最终成为批判的对象，而后者则成为批判的方法。但是，由于罗的形式主义手段依旧离不开一种预设的、不容辩驳的人文主义式的理想化倾向，他的形式主义对于埃森曼来说是不够彻底的。虽然罗的影响极其深远，但是埃森曼已经开始质疑其理论是否足以帮助他来理解、分析以及架构建筑学的根本问题。

对于罗的质问——既然原理是普适的，为何要单讲"现代"建筑？——埃森曼在论文导言中是这样回应的："论文中出现的'现代'一词作为限定语仅仅是对所选案例的指称；文中讨论的'原理'应被理解为是具有普遍适用性的。"[3] 这句话看似表达了对罗的认同，但他似是而非的语气却让人读下来渐生一丝疑惑。他强调了"现代"作为形容词的语法功能，表示它只是某组案例的标签，仅此而已。这句话刻意且断然地简化了"现代"一词本该具有的更为复杂的意味。他的话暗含了一种保留，甚至是回避的态度。留白处显现出更多疑问：是何种共通性质（风格、时期、意识形态抑或是其他）使得一系列建筑以"现代"之名被归于同一范畴？"现代"这一具体概念中存在哪些内在特性，使其可以成为构建"一般性"建筑原理的范例？最重要的是，到底是何种条件促使"现代"这一概念本身开始受到质疑？

　　论文构写于 1960 年代初，此时理想与宣言的华饰正从现代主义苍白的墙体上褪落，乌托邦式理想社会的愿景正欲崩颓，伴随着彻骨的历史割裂感，知识分子纷纷从集体的幻象中抽离开来：西方社会正在普遍经历一场"知识论转向"（epistemological turn）。文化生产和社会变革在 1968 年达到决定性阶段，后来有诸多著作论述了这一时期的特殊性。[4] K. 迈克尔·海斯（K. Michael Hays）在他编著的《1968 年以来的建筑理论》（*Architecture Theory Since 1968*）中写道："自1968 年以来……文化——作为一种既属于个人又被个人拥有的东西，作为一种使自身领域之内一切事物自上而下地趋于饱和的沉淀物，作为合法性与反权威之间的界限——将不再能如我们期望的那样自发地出现了，亦将不再是社会进程的必然结果，它现在必须通过更自觉的理论程序来不断地构建、解构和重构。"[5]埃森曼完成于 1963 年的论文显然与同时期西方诸多学术项目共用了同一种理论语汇。在 1963—1968 这短短五年间，理论书籍如雨后春笋般出现，这其中就包括：符号及语言学研究——如罗兰·巴特的《符号学原理》（Roland Barthes, *Éléments de sémiologie*, 1964）和乔姆斯基的《句法理论的若干问题》（Noam Chomsky, *Aspects of the Theory of Syntax*, 1965）；马克思主义批判理论——如阿尔都塞的《保卫马克思》（Louis Althusser, *Pour Marx*, 1965）、阿多诺的《否定的辩证法》（Theodor W. Adorno, *Negative Dialektik*, 1966）以及居伊·德波的《景观社会》（Guy Debord, *La société du spectacle*, 1967）；精神分析学论述——如拉康的《文集》（Jacques Lacan, *Écrits*, 1966）；后结构主义批评——如福柯的《词与物》（Michel Foucault, *Les mots et les choses*, 1966）和德里达的《论文字学》（Jacques Derrida, *De la grammatologie*, 1967）；最后，影响后世的建筑理论著述——阿尔多·罗西的《城市建筑学》（Aldo

4　是年，世界范围内发生了若干以学生和工人为主的群众运动，笼统地说，这是西方日益激化的社会阶层矛盾以及民众与体制权威之间不可调和的关系引发的结果，也是冷战时期充斥着矛盾和非理性的政治现状的表征。当大多数人开始承认现代主义已经无法承载它所允诺的社会理想时，文学和艺术便由外向的空想退转到内在的反思。不过，具体的年代和事件终究是历史叙事中的一种记号，这一时期的特殊性的种种成因及其在各学术领域中的表现方式已远超出本文篇幅的限制，这里权将其视为一种自证的结果。

5　K. Michael Hays, "Introduction," in *Architecture Theory Since 1968*, ed. K. Michael Hays (Cambridge: MIT Press, 2000), x.

Rossi, *L'architettura della città*, 1966）、文丘里的《建筑的复杂性和矛盾性》（Robert Venturi, *Complexity and Contradiction in Architecture*, 1966）以及塔夫里的《建筑学的理论和历史》（Manfredo Tafuri, *Teoria e storia dell'architettura*, 1968）也都问世于这个时期。而在所有这些著作出版之前，埃森曼就已经完成了《现代建筑的形式基础》。可以说，他的这部论文预见了一种新的建筑理论的到来。

就西方学术思想的发展历程而言，20 世纪 60 年代这一历史时期不只是顺理成章的时间推移，而是一种更深层的"危机"时刻。埃森曼的"原理"，也就是形式之间的一系列不可化约的逻辑关系，正是这一危机之下的产物。骤然兴起的结构主义和后结构主义思潮，是一整套试图认识人类知识的复杂性和不确定性的思想模型。可以窥知，埃森曼的"现代"概念正是一个奠基于结构主义和后结构主义思想的内向理论建构。他所倡导的建筑学，针对的是这一特定历史时刻的某种结构性转变，他的建筑理论亦是对上述这一知识论断裂的回应。在这个意义上，埃森曼与其他结构主义、后结构主义知识分子同时期的理论工作是异曲同工的。

在整个论文的导言部分，埃森曼开宗明义：论文要处理的首要问题，是扑朔迷离的"现代"概念在历史面前的复杂状况，即反思"现代"与历史的关系问题。全文以对卡尔·贝克尔（Carl Becker, 1873—1945）《18 世纪哲学家的天城》（*The Heavenly City of the Eighteenth-Century Philosophers*, 1932）一书的精要讨论开篇。就学术方法和风格而言，贝克尔是一位典型的"美国"历史学家，但他与欧洲同时期的思想先驱，如埃米尔·考夫曼（Emil Kaufmann）和海因里希·沃尔夫林（Heinrich Wölfflin）等人也多有共鸣。在这本短论中，贝克尔将欧洲启蒙运动视为"现代性之种种幻觉的最初源头"。[6] 埃森曼在援引贝克尔的时候，把他的名字"Carl"误拼为了德语式的"Karl"，仿佛他的解读中已不自觉地揉合了从柯林·罗那里继承而来的德语系形式主义思想。

埃森曼写道："在贝克尔的描述中，现代'思想气候'（climate of opinion）是基于经验（factual）而非理性（rational）的：整个环境充斥着现实的内容（the actual），以至于理论的内容（the theoretical）轻易地遭到忽视。对贝克尔来说，历史——即事实及其如何相互关联的问题——已经取代了推理与逻辑——即'为什么'的

6 Johnson Kent Wright, "The Pre-Postmodernism of Carl Becker," *Historical Reflections / Réflexions Historiques* 25, no. 2 (Summer 1999): 323.

问题。"[7]

"思想气候"是一个 17 世纪的术语，贝克尔将之类比于"世界观"（Weltan-schauung）这个词，指的是加诸世界之上的"某种特定的运用智识的方式和某种特殊类型的逻辑"。[8] 该定义本身已经内含了对所谓的"历史的科学客观性"的怀疑，这一点与"知识型"（episteme）这个概念颇为类似。假借着贝克尔的论述，埃森曼列出了关于"现代思想气候"的三组对立概念："经验的"与"理性的"、"现实的"与"理论的"、"历史"（即"是什么"的问题）与"推理和逻辑"（即"为什么"的问题）。乍看上去，埃森曼的论辩框架刚好可以纳入海斯所描述的"'理性主义者'和'历史主义者'之间的尖锐对立"之中。[9] 不过，如下文所述，这三组表述或许比它们看起来要更复杂一些。针对"现代"与历史的辩证关系问题，埃森曼不动声色地对贝克尔进行了恰到好处的改写，正好足以把他的个人看法夹带其中。通过对比埃森曼改写的段落和贝克尔的原话，本文有三点观察，并相应地从中得出了三条"原理"。

我们先看第一条。贝克尔指出，历史学中有两种倾向。其一是所谓的"新兰克主义"（neo-Rankean）史学，这种倾向由科学式的历史实证主义所操纵，崇尚冷峻的客观事实；其二恰恰相反，是一种历史相对主义的倾向——贝克尔所秉持的正是这种史学观念。他认为，事实绝非不言而喻，事实本身并不足以说明问题。最好的概括就是他的这句名言："人人都是他自己的历史学家。"埃森曼在他的改写中毫不犹豫地重述了这一组对立，用琼·奥克曼（Joan Ockman）的话来说，他区分了"作为真实的历史"与"作为观念（concept）的历史"。[10] 尽管我们可以认为，现代性是一种由一系列具备了某种客观性的历史事件所诱导的社会状况（如同现代历史学之父利奥波德·冯·兰克 [Leopold von Ranke] 所捍卫的那样），但是在另一方面，与现代性不同，现代主义乃是对特定观念下的某种现代性在艺术层面的回应——就现代主义而言，真实（the real）从来都是触不可及的。按照埃森曼的设想，现代主义之所以能够指向真理的某些方面，其唯一的途径是概念建构（conceptual framing）。这样一来，我们可以就此得出埃森曼的现代主义的第一条原理：现代主义是一种关于历史的理论。

7　Eisenman, *The Formal Basis*, 11.

8　Carl L. Becker, *The Heavenly City of The Eighteenth-Century Philosophers* (New Haven: Yale University Press, 1932), 5.

9　Hays, *Architecture Theory*, x.

10　参见 Lucia Allais, "The Real and the Theoretical, 1968," *Perspecta* 42 (2010): 32. 同样可见于 Allais 对以下书的引用参考：Joan Ockman, ed., *Architecture Culture 1943–1968* (New York: Rizzoli, 1993)，以及 Joan Ockman, "Talking with Bernard Tschumi," *Log* 13/14 Aftershocks: Generation(s) since 1968 (Fall 2008): 159–170.

11　Becker, *The Heavenly City*, 27.

12　Eisenman, *The Formal Basis*, 11.

13　Peter Eisenman, "The End of the Classical: The End of the Beginning, the End of the End," *Perspecta* 21 (1984): 163.

14　Becker, *The Heavenly City*, 20.

15　Eisenman, *The End of the Classical*, 157.

16　Peter Eisenman, "Post-Functionalism," in *Architecture Theory Since 1968*, ed. K. Michael Hays (Cambridge: MIT Press, 2000), 237.

第二，按贝克尔的原话，世界看起来"一直都在演进之中，一直处于尚未完成的状态"。[11] 相比之下，埃森曼对贝克尔的重述则是这样的："他把世界看作一条恒变不息的时间序列……永无终结。"[12] 贝克尔的话暗含的，是一个有目的的历史，在他那里，历史的终极目标有待实现。而到了埃森曼这里，他偷换成了一个绵延不绝的历史，而消除了历史的目的论。多年以后，埃森曼在他 1984 年的文章《古典的终结：起点的终结，"终结"的终结》（The End of the Classical: The End of the Beginning, the End of the End）中又回到这个问题，明确批判了历史的目的论假设。他指出，现代主义宏大叙事的谬误，在于"现代人……在思想上陷入一个错觉，那就是他们相信他们自己的时代就是永恒"。[13] 现代人有赖于这种似是而非的永恒感来为其建筑学赋予合法性。这样一来，为了破除这个幻觉，现代主义必须将其自身重新奠基于一个开放式的历史框架之上。因而，我们得出了第二条原理：现代主义历史是前瞻性的。

第三，贝克尔称，既可以用一种历史视角观察世界，也可以用一种科学视角观察世界。然而，在这两者中，埃森曼略去了其中一种，而仅仅保留了历史这一种解释世界的视角。按照贝克尔的表述，科学视角以一种功利主义的，或者叫功能主义的方式看待世界。埃森曼将科学归入历史之下，言下之意是科学和历史的对立（进而也就是"理性主义者"和"历史主义者"之间的对立）也许其实并没有那么"尖锐"。这一隐晦的假设在贝克尔处也能找到验证："历史学和科学这两者的兴起不过是同一动因之下的两种结果；现代思想存在这样一种趋向，即避免对事实进行过分的理性化处理，而趋向于以某种更为缜密和中立的方式考察事实本身，而历史学和科学正是这种趋向的一体两面。"[14] 这样一来，按照贝克尔的论述，现代科学和现代历史学这两者是同一种实证主义倾向的产物。后来，埃森曼曾在《古典的终结》一文中将功能主义批判为"立足于某种科学与技术实用主义之上"。[15] 与那种目的论式的历史主义相比，在很大程度上，这种貌似不证自明的实证功能主义扮演的角色是一样的，即二者都仍然受限于一种人文主义式的理想化倾向的桎梏，这两种建筑学无外乎显现为一套"伦理层面上的赋形之法"。[16] 于是我们就得出了第三条原理：现代主义是对理想化倾向的拒绝。

现在，我们把埃森曼的三条原理整合起来——现代主义是一种关于历史的理论、现代主义历史是前瞻性的以及现代主义是对理想化倾向的拒绝——就能得出：现代主义是一种拒绝理想化倾向的前瞻性历史理论。由此，对于上文中罗的质问——"既然'普适'，为何'现代'？"——埃森曼把问题本身颠倒过来，以反问做出回答："既然'现代'，为何'普适'？"必须对那种普适的、人本的理想化倾向加以拒绝，而这么做就必然会导致对客体自身内在逻辑的皈投——简言之，就是建筑学的形式逻辑。不过，尽管埃森曼拒绝普适性，但他也并没有完全把他导师的看法弃之不顾，终究还是坚称，应该认同《现代建筑的形式基础》中所提出的形式法则的"普遍有效性"。埃森曼还是认可了普适性的必要性，尽管普适性这个概念因其人文主义的意识形态而存在诸般问题，但为了幻想一个新的理论基础，普适性却又是必不可少的。同样，出于"为形式的有效识别提供根据"的目的，[17] 埃森曼也不得不暂时接受格式塔心理学中感知法则的普适性，即使他把"先在的几何形体或者柏拉图形体"认定为"人文主义理论的残留"。[18]

上述有关普适性的内在悖论体现了马里奥·盖德桑纳斯（Mario Gandelsonas）曾指出的"目前建筑学意识形态的内部矛盾"，以及建筑学自身学科构成的高度虚构性。[19] 建筑学既是建筑物的构造之学，也是概念的建构之学——这一点并不是社会层面、美学层面、技术层面或者伦理层面上的理所当然，而唯有通过理论层面的重新架构或重新奠基，建筑学才得以如此这般地彰显其自身。通过理解这一特定历史时刻的知识论危机之下的"现代"概念，埃森曼达成了一种属于建筑学的解决方案，它尝试脱离人文主义理想性的束缚，进而豁免于沦为权力的意识形态工具的负担。埃森曼构想出了一种自足于现代的形式理论，并找到了具体确切的方式来揭示其自身的"建构性"（constructedness）。这就是他给罗的答案。他的形式基础就是这样转译成了建筑学。

那么，这其中又有哪些值得转译成中国的建筑学话语？了解埃森曼作品的人知道，要想理解他的形式理论而不沦为肤浅的形式主义表面文章，就必须熟稔纵跨整个西方建筑史的形式脉络及其内在逻辑，这条形式脉络跨越了从维特鲁威到阿尔伯蒂、从克劳德·佩罗到皮拉内西、从勒杜到勒·柯布西耶的整个历史。

17　Eisenman, *The Formal Basis*, 17.

18　Eisenman, *Post-Functionalism*, 239.

19　Mario Gandelsonas, "Linguistics in Architecture," in *Architecture Theory Since 1968*, ed. K. Michael Hays (Cambridge: MIT Press, 2000), 121.

20 Michel Foucault, "Preface," in *The Order of Things: An Archaeology of the Human Sciences* (New York: Pantheon Books, 1971), xix.

21 Mario Gandelsonas, *Linguistics in Architecture*, 121.

既如此，对于栖身"世界的另一端"（如福柯所说）[20]的我们而言，埃森曼的这样一个全然奠基于西方经典之上的理论项目，又如何为我们自己的建筑学带来助益呢？

或许埃森曼的博士论文并不能帮助我们解答这个问题，但它足以做到的，是吁请我们把注意力从理论作为一个工具的用处转移到理论本身上来。如果我们仅仅把理论看作解决实际问题的工具，那么多半情况下，理论都难免沦为由外在因素所裁夺、所操纵的傀儡，为某个受控于特定意识形态的历史叙事服务。例如盖德桑纳斯所论述的，"普适性"这个概念就是用来遮蔽一个明显而重要的事实，即建筑学知识向来都是在特定的历史条件之下，由主流文化中的特权阶级所拥有、生产和逐级分类的。如果回避了这一事实，那么就很可能会简单地移植和复刻埃森曼的这类形式概念，进而仅仅流于"形式"，而没有意识到在这一过程中，中国建筑学本身早已在某种话语中身陷低人一等的位置。正如盖德桑纳斯在提及中国哲学家张东荪的《中国式逻辑》（*La logique chinoise*）一文时所指出的，这种"低人一等"的状态"所揭示的唯一事实，就是概念体系的匮乏"。[21]埃森曼的博士论文所示范的，正是克服这种匮乏状态的一种可能。通过从内部向普适性理念提出质疑，埃森曼的论文揭露了现代建筑的根本性困局（aporia），进而迫使读者不汲汲于浅显易得的内容，而开始把关注点从图像化的建筑外观向下深入，深读建筑。像阅读文本一样阅读建筑，哪怕是不可避免地伴随着龃龉与支吾、繁复与缺漏、理屈与词穷，这无疑是在概念上和智识上批判性地破旧立新的第一步。埃森曼和罗的隐微对话贯穿于他的博士论文全篇，来往之间，他逐渐找到了一个远离核心的位置。就此而论，我们虽然在传统上被认为是西方建筑学的局外人，但也正因如此，反而受惠于旁观者的身份而有望施展同等水准的批判力量——不仅仅从西方建筑学的外部，更是在中国建筑学的内部。埃森曼在知识论断裂的破晓写就此文，而此时此刻的我们也身负同等紧迫的任务。有鉴于此，今天的我们在阅读本书的时候，必应背负着一种责任感。

现代建筑的形式基础

彼得·埃森曼　　1963 年

前言　PREFACE

本论文中除脚注所包含的内容之外均为作者原创。但是，我想感谢几位协助我最终完成这项工作的人。首先是我的导师，莱斯利·马丁爵士，他从一开始就循循善诱，耐心地指导我的想法。其次是我的一些同事，包括柯林·罗、科林·圣约翰·威尔逊、彼得·比克奈尔、克里斯托弗·康福德以及帕特里克·霍奇金森，他们激发了论文中的很多思想，也帮助了我修正和编辑其中的文字。然后，要感谢我的一些学生，特别是安东尼·维德勒、巴瑞·梅特兰德以及凯利·哈顿，他们为绘图和整理脚注提供了帮助。最后，还要感谢我的三位打字员，她们是费诗·布劳德本特女士、莫林·弗朗西斯小姐，以及伊丽莎白·唐纳德女士——她现在是我的妻子，她在打字机上帮忙敲打了许多遍草稿，贡献实为无价。

彼得·D. 埃森曼

剑桥大学三一学院

1963 年 8 月

导言
INTRODUCTION

1　译注："思想气候"（climate of opinion）一词本为17 世纪术语，后经英国数学家、哲学家阿尔弗雷德·诺思·怀特黑德（Alfred North Whitehead）在《科学与现代世界》（*Science and the Modern World*, 1925）一书中引用而辗转出现在贝克尔的书中。其定义见于本书译者序。

卡尔·贝克尔（Carl Becker）在《18 世纪哲学家的天城》（*The Heavenly City of The Eighteenth-Century Philosophers*）一书中审视了知识论，也就是关于知识根基的问题。在该书出版之后的岁月里，这一问题变得日渐尖锐起来。贝克尔设想，假如但丁或圣托马斯·阿奎那（St. Thomas Aquinas）再世，他们对"知识论"的诠释一定会不同于那些当代思想的产物。在贝克尔的描述中，现代"思想气候"[1]是基于经验而非理性的：整个环境充斥着现实的内容，以至于理论的内容轻易地遭到忽视。对贝克尔来说，历史——即事实及其如何相互关联的问题——已经取代了推理与逻辑——即"为什么"的问题。他把世界看作一条恒变不息的时间序列，人们再也无法下定义，而唯能陈述事物如何从过去演变到其当下的状态。可这一状态又是转瞬即逝的。就此而言，我们只能尝试性地去理解事物的真相，因其变化永无终结。实际上，这一点恰恰是我写下这篇论文的理由，又或者说是辩辞。

以上评论之所以有所助益，是因为我们能将其从一般意义广泛地推及具体的建筑实例。现代运动（modern movement）往往认同"变化"或是关于"变化"的各种观念，因为它亦将自身构想成了一场"永恒的革命"，以至于它的特定思辨方式注定是历史性的而非逻辑性的。这种逻辑思维的缺失导致了一种内在的危险。如果没有了理论，历史就成了主导学科，如前文所推断的，这样的历史甚至将无法评判任何历史现象的意义。

除非是在涉及技艺与技术的时候，当代建筑学思想往往在不自知的情况下对历史有所偏重。诸如"理性主义"（rationalism）、"功能主义"（functionalism）一类的理论化概念在历史语境之下的意味变得晦昧不明。这导致了人们对建筑的理论基础，尤其是对现代运动的误解。两位当代英国建筑批评家针对这些方面发起了关于理论和历史的探讨。

雷纳·班纳姆（Reyner Banham）在《第一机械时代的理论与设计》（*Theory and Design in the First Machine Age*）一书中沉溺于对"变化"的思索，导致他不得不拥抱一种彻底的历史决定论观点，即便他可能自己都没有意识到。

约翰·萨默森（John Summerson）在 1957 年 5 月 21 日致英国皇家建筑师协会（R.I.B.A.）的讲座上同样就如何发展一套建筑学理论发表了几点看法。他说道："这一问题无非关乎分析（analysis）与综合（synthesis）这两种由来已久的操作方法。"其中一个看法是关于观念的整合："洞察它们含义之间的共同规律，从而获得一套一般性的概念。"随后萨默森总结说，现代建筑的基本原理，是由建筑设计任务（program）衍生而来的整体。他指出，"……尽管18及19世纪的理性主义作家们往往拒绝把古典（antiquity）视为至上权威，古典却作为整体的本源和实现建筑设计的基石而经久不衰地存在着……现代建筑其整体的本源存在于社会领域，即存在于建筑师们的设计任务当中。"但是，真实情况要比萨默森设想的更为复杂。如果除了通过历史眼光看待问题以外，我们唯一能做的就是从建筑设计任务的角度来审视一件建筑作品，那只能说明我们的批判方法还太不完善了。

埃尔温·潘诺夫斯基（Erwin Panofsky）在《视觉艺术的含义》（*Meaning in the Visual Arts*）一书中以一种更有代表性的方式表述了该问题。他写道："诚然，当一门以经验为依据的学科对理论关上大门的时候，理论就会像幽灵一般顺着烟囱潜入房间，还要顺便打翻几件家具；但同样不能否认的是，当历史被一门理论性质的学科拒之门外的时候，历史就会像一群耗子似的溜进地窖并破坏掉它的地基。"

本论文可以说在本质上是批判性的而非历史性的，即它将以理论的而非历史的眼光来剖析若干与建筑相关之形式的命题。相较于艺术史的成熟和感知心理学的完善，托伯特·哈姆林（Talbot Hamlin）在《20世纪建筑的形式与功能》（*Forms and Functions of Twentieth Century Architecture*）里展现的晚期折衷主义理论就有些相形见绌。通常来讲，建筑学上的批判性姿态往往侧重于图像学（the iconographical）、感知（the perceptual）及概念（the conceptual）这几个方面。例如，在艺术史中，尤其是在瓦尔堡学院（Warburg Institute）的研究中，图像学问题及其在任何一种特定历史情境之下对建筑风格的形成所起的重大作用，已受到越来越多的关注。类似地，格式塔心理学（gestalt psychology）的推崇者们则制造了一种敏感的氛围，使得任何跟艺术作品相关的事物乃至任何能被纳入视线之物都要被拿去进行分析。然而本篇论文要做的，是试图对形式思考作出更具限制性的定义。因此，这篇论文有可能会冒着扭曲"真理"之大不韪，也要尽力将涉及图像学和感知的内容驱逐出去。虽然研究一座建筑物的象征性内容及含义或许有其意义，但如果不谈这些，我们就不用在讨论形式内容的时候去作价值判断。同样，如果能抑制感知层面的考虑、视觉上的精致以及那些很多时候被认为是赋予了一个建筑物生命力的幻觉，我们就可以回避那些心理学层面上的内在问题。但是，为了便于对原始构型（primary configurations）进行思考，我们还是需要承认格式塔心理学的观点；但这些术语上的借用只是为了建立一种形式认知的基础，而不是要就此肯定任何一种对形式的主观诠释。本文期望把建筑视为一种具有逻辑性话语的构成体，并且将重视论述的一致性，以及关注空间与体量的命题之间如何互相作用、互相碰撞、互相限定。

因此，本篇论文关注的是概念层面的问题。也就是说，形式被视为是关于逻辑一致性的问题，即形式概念之间的逻辑互动。本论证试图明确一个观点，那就是，具有逻辑与客观本质的思考，可以为建筑学提供一个概念的、形式的基础。但是，任何一种论证都必须存在于前人的讨论与批评的框架之内，因此这篇论文又可以被视为萨默森和班纳姆所提出的议题之下的产物。萨默森在前文提到的讲座中质疑了"从一系列经过甄选的现代建筑中萃取形式精华、剔除纯时髦元素，进而提供一种形式语法"这一做法的合理性。他对这种方式嗤之以鼻，继而说道："稍微设想一下，要从建筑整体中分离出典型的现代形式，这件事根本就是无谓的把戏。"取而代之的是，他提出了自己用来解决当下问题的两条途径。其中一个观念是把基本实体（fundamental solids）作为建筑形式的基础："基于几何绝对性（geometric absolutes）这一原理，我们是可以建立起一套系统或学科规则的，并用它来指导建筑师寻得他最终须取得的终极形式秩序。"然而，对于萨默森而言，系统其实是指"建立一个基于比例关系的学科规则"。班纳姆在《第一机械时代的理论与设计》一书中则似乎否定了以形式思考为基础来创建任何原理的可能。他质疑了柯布西耶（Le Corbusier）将"斐利布实体"（Phileban solids）的规则等同于支配我们整个宇宙的原理的这一做法的合理性。对于班纳姆，任何涉及规则几何体或象征性形式的系统，都仅仅只是一种已死语言的还魂。

本论文无意将"现代"形式拿出来作单独考虑，也不是想提出一种以几何实体的运用为秩序的无所不包的设计与批判系统。应当说，本文试图辨别出一种语言以及它的系统秩序，而该秩序仅仅只是把几何实体当作一种绝对参照。论文将通过这种参照方法，尝试阐明形式与任何一种建筑之间的关系。论文中出现的"现代"一词作为限定语仅仅是对所选案例的指称；文中讨论的"原理"应被理解为是具有普遍适用性的。再者，本文坚持，形式思考是不论何种风格的一切建筑的基础；而这些思考则源自任何一种建筑状态的形式本质。由这一绝对基础出发，本文将提供一种用于交流的途径，即一种能够传达任何建筑的形式本质特性的语言。任何此类语言都必应被该本质所限定，也必由该本质衍生而来。因此，这是一种形式的语言。

本文的立论前提具体源自柯布西耶有关形式的讨论。事实上，这篇论文可以说是对《勒·柯布西耶全集》（*Ouevre Complete*）一书所展示的"四种构成"（Four Compositions）的概念基础的研究和诠释。柯布西耶的示意图中已暗含一种形式语言的语汇（vocabulary）、语法（grammar）和句法（syntax），而本文的目的就是要将它们揭示出来。

单纯重述柯布西耶的论辩是不够的，因其早已成为现代运动历史的一部分；它在今日的应用最多只能说是一种"现代折衷主义"。

然而，仅仅提供一种形式语言本身也是不够的，因为任何一种交流方式都必须拥有一种清晰可辨的秩序，而这种秩序要么是与生俱来的，要么是由外部施加的。本文将证明，内在的秩序派生自某种几何参照物或形式自身的属性，而外部施加的秩序则演化自一种能够在设计过程中令形式语言获得限定与秩序的系统。不难看出，此类系统给设计过程提供的是一种学科规则（discipline）而不是束缚。这些系统不是僵化不变而是因势利导的；它们是能够兼纳"谐谑曲"（scherzo）的乐章；它们是能够进一步细化从而包容无限的变化和复杂性的。这些系统唯独拒绝的，是随意的（the arbitrary）、"如画"的（the picturesque）和浪漫主义式的（the romantic）对秩序的主观个人化诠释。

为了能够最有效地展示这些系统的发展及其在设计过程中的运用，文章将对四位当代建筑师作品中所展现的截然不同的建筑表达进行详细分析。这四位建筑师是：勒·柯布西耶、阿尔瓦·阿尔托（Alvar Aalto）、弗兰克·劳埃德·赖特（Frank Lloyd Wright）及朱塞佩·特拉尼（Giuseppe Terragni）。文章会从一般性（generic）平面类型的角度来分析他们的作品，而这些分析会被限定在各案例的形式概念基础这一思考范围之内。只有通过这样一种分析，我们才能够领会存在于现代运动之根本的一套形式系统秩序。不难看到，当下人们对这些平面的不管是从图像学层面还是从感知层面的解读，均与本文的探求无关，故不予考虑。

由于篇幅的必要限制，本论文仅能作为某种思想的开端。它并不能填补当代建筑思考中所显现出来的空白，但至少可以用来揭示这一空白的存在，从而为发展一种关于建筑形式的理论作出些许贡献。

1
形式之于建筑

CHAPTER ONE

FORM IN RELATION
TO ARCHITECTURE

1　参见科特·考夫卡（Kurt Koffka）所著《格式塔心理学原理》（ *Principles of Gestalt Psychology.* New York 1935. ），第 642 页。

2　这些对于布鲁诺·赛维（Bruno Zevi）而言，即"形式主义阐释"（Formalist Interpretation）中的"法则、性质、规则和原理"（Laws, Qualities, Rules and Principles）。参见布鲁诺·赛维所著《建筑空间论》（ *Architecture as Space* ），第 193 页。

3　大多数当代作者因为引入感知方面的具体性质，导致他们关于"建筑学等式"的最初表述往往模棱两可。如凡·杜斯伯格（van Doesburg）于 1930 年在马德里的会议上的讲话："这些元素……：光、功能、材料、体量、时间、空间、颜色。"

4　例如舒瓦齐针对多立克山花（Doric pediments）形状的讨论。见舒瓦齐所著《建筑史》（ *Histoire de L'Architecture.* Paris, 1899. Vol. 1. ）。

5　参见路易·沙利文所著《稚园絮语》（ *Kindergarten Chats.* N.Y. 1947. ）。

6　参见密斯·凡·德·罗（Mies van der Rohe）所著《建造艺术与时代意志》（ "Baukunst Und Zeitwille". *Der Querschnitt.* 4: 31-2. 1924. ）："建筑是转化为空间的时代意志。"

7　因此，如鲁道夫·维特科尔（Rudolf Wittkower）所指出的那样，19 世纪人们对于文艺复兴时期象征性价值的误述：即拉斯金（Ruskin）所言"伦理谬误"。参见鲁道夫·维特科尔所著《人文主义时代的建筑原理》（ *Architectural Principles in the Age of Humanism* [originally vol. 19, studies of the Warburg Institute]. London 1952. ）第 1 章。

任何一种创造性的行为在本质上都是将作者的初衷通过某种表达方式传达给受众。这种表达方式必须尽可能清晰与全面地把初始意向传递给受众。格式塔心理学所尤为强调的清晰性（clarity）和可理解性（comprehensibility）对任何交流方式的发展都是至关重要的。[1] 因此，诸如尺度（scale）、和谐（harmony）和模式（pattern）等因素应当主要被看作是对表达过程中的可理解性的辅助。[2] 所以，形式秩序本身不应被视为目的，而仅应从属于清晰性。建筑，作为一种表达方式，可以集合若干要素来使其"建筑学等式"得以成立。这些要素可被归结为：概念或意向；功能；结构；技艺；形式。[3] 后文的研究会逐步表明，就重要性而言，这些要素并不可等量齐观。

过去已经有理论家主张，"建筑"可以大体等同于以上要素中的一点或几点。但至于哪一要素最为重要，这些理论家们却看法不一。舒瓦齐（Auguste Choisy）的某些篇章似乎认为建筑应当被看作是以"技艺"为基础的。[4] 而其他 19 世纪晚期的理论家，如路易·沙利文（Louis Sullivan），则大概会说，建筑首先是对"功能"的体现。[5] 早期的现代理论家典型地倾向于以历史主义（historicist）立场作社会学式的解读，譬如当他们谈论建筑的时候，他们说建筑是对"时代精神"（spirit of the age）或"时代意志"（will of the epoch）的表达，从而间接地倾向于"概念或意向"这一要素。[6] 但是这些理论家却从未尝试去给他们所使用的术语作精确的定义，他们也没有指出"形式"在何种程度上主导着或是从属于前述要素。不过，诚然，这些要素的相对重要性以及它们之间的相互关系并不能仅凭"定义"就足以确立，因为"定义"仅可能构成对问题的最初分类。此般失之偏颇的排序凭其自身不可能使建筑学成为一门理性的学科，若将其有意或无意地运用于设计过程中则更是危险的。

我们经常在建筑学中陷入这种困惑，其根源是对各种要素进行不协调或者非理性的援用。这一问题并不容易解决：譬如，形式法则有时与功能要求格格不入；而同一功能在一种文化眼里有着象征意味，在另一种文化眼里却可能是关于实用性的。[7] 但这并不是说前述要素在本质上是互相对立的，而是说如果将它们一视同仁，它们那些重要的个性就会丢失，因而必然得不偿失。所以说，一个以理性方式为这些要素构想出来的等级（hierarchy），是解决、更是明确阐述任何建筑学问题的必要条件。这种等级可能源自该建筑学问题所施加的"特定需求"和"一般需求"。换句话说，我们必须在建筑学中建立一个基本的"优先次序"（priority），而它是由"相对目的"与"绝对目的"之间的辩证关系演化而来的。

提出优先次序这一概念实为当务之急，因为在我们社会经济与技术环境的势不可挡的膨胀中，个体已经无法察觉任何有意义的秩序（order）。更何况，新的技术手段不断增加，以至于建筑师在自身能力范围内已经难以理性地利用新技术的全部潜能。在这种情况下，建筑学似乎在手法主义（mannerism）及狂热的自我表达中求得庇护，对全然不顾整体秩序（total order）的孤立创作陷入不可自拔的沉迷。[8] 这种个体表达属于正当需求，但若想保证整体局面的可理解性不被损坏，就需要为优先次序提出一套一般性系统；而本文在此主张，这一系统必须优先考虑"绝对目的"而非"暂存目的"（temporal ends）。从任一建筑的内部需求与外部需求（或者说"环境需求"）之间所产生的对立就可以看出，我们是需要这样一种等级的。内部需求与外部需求的不同权重会导致产生截然对立的优先次序。因此，一座建筑物在构想之初有可能是为了回应其内部功能的需求。假设只考虑以上这种情况，即否定外部因素的存在，那么由其推得的优先次序就是"绝对的"，尽管所思考的内部问题只跟这一栋建筑相关。正因为它拒绝遵循既存的模式，这样一座建筑物可以说宣告了一种理想化的未来状态。反之，如果建筑设计在实际上承认外部条件的存在并受其影响，那么该设计的内部动向就会服从于外部事物的状态，从而在最初就构建起一种"相对的"优先次序。

然而，如果我们将整体外部秩序这样的一般性状态假设为"绝对基准"（absolute），那么这样一来，任何具体情形因其自身本质会把我们局限于"相对目的"；也就是说，现在，单体建筑物相对于其环境来说成了"相对目的"。单体建筑物现在不再能被视为独立的或自成目的的实体，而只是构建整体的过程中的一个过渡元素而已。它还是可以具有某种完整状态，即其本身可以成就一种"理想的"状态，但只能存在于预想中的未来秩序所施加的限制里。显然，想要怀抱着某个恒定的"绝对目的"去创造一座具体的建筑物是不切实际的，因为，每一个新的单

8 参见柯林·罗所著《手法主义与现代建筑》（"Mannerism and Modern Architecture". *Architectural Review*. Vol. 107. 1950.）："当代艺术中的抽象化所关注的是个人感官世界，它代表着艺术家内心的私人创作过程。"

9　所以当代规划者们都着迷于"生物学式的"发展和变化方式；"连续性"加上"更新"（参见罗伯特·杰弗里 [Robert Jeffery] 发表于《建筑设计》[*Architectural Design*. May 1963] 中的文章）。

10　柯林·罗曾在《格兰塔》（*Granta*）杂志 1959 年 1 月刊中质问，"作为革命性工具的乌托邦"是否"与过去 150 年内逐渐深入人心的关于运动、变化、发展及历史的各种各样的想法取得兼容。"

11　参见阿尔甘（Giulio Carlo Argan）所著《安托尼奥·圣伊利亚的批判性思考》（"IL pensiero critico di Antonio Sant'Elia". *L'Arte*, September 1930.）及布鲁诺·赛弗里所著《圣伊利亚的诗学与未来主义的意识形态》（"Poetica di Sant'Elia e Ideologica Futurista", *L'Architettura* November 1956.）另见 M. 卡尔维希（M. Calvesi）所著《圣伊利亚的未来主义》（"IL Futurista Sant'Elia". *La Casa* 6.）："他的设计并非要解决现代建筑的实际问题……或新青年在这个世界中所感受到的现代性的悲怆……它们展现的是一种理想而清晰的生活图景。"

12　参见未来主义的初次宣言（"Le Figaro", Paris 1909.）第 4 点："我们宣布，宏伟的世界获得了一种新的美——速度之美。"

13　参见柯林·罗（前引书，注释 10）："乌托邦不能变成它期望改变的那个世界；因此它也不可能改变其自身。"

14　例如，见霍华德·罗伯森（Howard Robertson）所著《建筑构成原理》（*The Principles of Architectural Composition*. London 1924.），第 38 页及后续页："如果这种明显不符合逻辑的形式（山花和檐口）之所以会出现，是因为建筑构成方面的需要，那么，我们就不应该急着批判它。"

15　参见《当代建筑的基本精神》（*L'Esprit Fondamental De L'Architecture contemporaine*. Barcelona 1930.）："第四点，功能：新建筑是功能性的，即基于实际需求而综合考虑的。"

体不但会改变既存的模式，而且会因为其自身的出现而改变所有将在未来出现的单体。例如，设想一座建筑物，它的入口就不可能被设在恰好没有办法通行的地方。就此而言，任何建筑物都必须承认既定的外部模式，即便这些模式完全可以被视为某种未来的绝对秩序的一部分。使问题进一步复杂化的是，所有城市规划都必须考虑到，任何一种未来秩序的本质都决定了它不可能是一种常量或一种静态的实体。相反，它必须被视为连续的、能够容许生长和变化的。[9] 任何一种从"绝对"意义上看待未来秩序的想法都很难不被批评为"浪漫主义乌托邦"。[10] 圣伊利亚（Sant'Elia）的设计作品《新城市》（*Citta Nuova*）就是这类空想姿态的典型代表。[11] 对于圣伊利亚而言，关于能量与速度的未来主义奇想就是他试图通过建构（architectonic）来表达的"绝对性"。[12] 但这么做的同时，他让自己陷入了矛盾，因为他设计的建筑物在不得不保证具体性的情况下，只能以一个相对恒定的未来状态为前提而存在。他将一种象征着未来主义乌托邦的空气动力流线型美学强加到这些具体的设计上。无论他的图画是多么的振奋人心，它们对如何思考一种连续的"未来模式"终究起不到任何实际作用。[13] 针对此问题的理性策略是，必须假定一种整体秩序，或者用本文的话来说，必须假定一种既能够包容变化与生长、又可以保持自身特质不变的"绝对性"。这里至关重要的正是有关这种"绝对性"的"优先次序"概念，因为只有这一概念能够为前文五点要素提供重要性排序的基础。现在是时候让我们来尝试处理这一关键议题了。本文认为，建筑在本质上就是为意向、功能、结构和技术赋予形式（"形式"本身即其中一个要素）的过程。故形式高居各要素等级之首。尽管延续至 20 世纪的所有学院式与理性主义思想大抵都会给予形式思考以首要的地位 [14]，但如本文这般把形式奉为至高无上仍可以算是另辟蹊径。然而，他们的那些形式思考属于另外一种范畴：沉溺于"为形式而形式"、多轴线构成、人工的对称美学；它们从根本上对功能的公然无视迫使现代建筑师们开始了当初对全新表达方式的寻求。[15] 不过，如果要求形式为我们提供理解整体环境的途径，那么自然地，赋形（form-giving）过程中就必须彰显明确的优先次序。这么看来，单体建筑物的形式并不需要对其意向或功能进行表达，它只需要有助于整体环境的秩序、尺度、和谐及模式即可。

若要维持以上立场，极其重要的一点就是必须将"形式"这一总类别细分为两类："一般的"（generic）和"具体的"（specific）。"一般形式"一词在此处应根据柏拉图式意义理解为自身具有内在法则并被这些法则所界定的实体；另一方面，"具体形式"一词则可以被视为是为回应具体意向及功能而实现的实实在在的物质的构型。一般形式，因其超验的（transcendent）或者说普遍的本质，必然优先于其他四要素。但即使当形式是以其具体意义出现的时候，我们还是会看到，它仍是参照或派生自一般形式的；而这一关联或参照关系是理解它的必要条件。在建筑学语境之下，一般形式可分为两大类型：线型（the linear）和形心型（the centroidal）。立方体和球体是形心型；双立方体（double cube）和圆柱体是线型。每一个这样的基本实体在本质上都具有其特定的内在动力（inherent dynamics）。我们如果想要对某个特定实体进行语法运用或诠释，就必须理解和遵循其内在动力。[16]立方体作为形心形式，是自一指定中心（centrum）向垂直、水平两个方向等量发散而来的。这一性质对于其理解至关重要。其次重要的就是竖直轴线与水平轴线相等、所有面相等、对角线、所有角的位置。但这里最需要注意的是，立方体的这些性质，如同任何其他一般形式一样，位于一切审美偏好之上。说白了，它们就是只存在于客观意义上的内在特征；它们建立的是一般形式的"绝对"本质，顾名思义，即超越了具体形式。

当我们考虑形式与功能之间广受议论的相互关系的时候，亦能得出相同结论。[17]由于不论哪种功能都仅仅只能示意（亦即，不能决定）某种具体形式，或者换句话说，不存在一种服务于所有功能的形式，所以，具体形式可以被认为在本质上是"相对的"（这里的相对性指的是对某一功能要求的特定诠释）。因而，具体形式相较于一般形式就不那么重要了。具体形式要求某种审美或者主观层面的感知回应，即，这种回应所针对的是比例、表面性质、结构、象征意义这类因素。而一般形式则无须过问这些方面。我们喜不喜欢一个立方体，这不构成问题；一般形式关心的是我们是否承认立方体的存在以及辨明其内在属性等问题。但是，具体形式与"建筑学等式"中的其他各要素是紧密共生的，因此，对具体形式的分析亦脱离不了其他要素。然而，一方面，"未来模式"这一概念是允许不断生长

16　见保罗·克利（Paul Klee）所著《思考之眼》（The Thinking Eye, edited by Jurg Spiller, London 1961.）："基础形式，以及它们的张力和内在关系……的普遍原因是一种相互作用的张力，一种同时朝向两个不同方向的拉扯。"另见捷尔吉·凯佩什（Gyorgy Kepes）所著《视觉语言》（The Language of Vision），第 32 页："为了保持原有结构不变，一切有机体都必然获得动态统一——倾向于平衡的动态趋势。"

17　参见霍瑞修·格林诺夫（Horatio Greenough）所著《形式与功能：评艺术》（Form and Function: Remarks on Art. Los Angeles 1947.）。

18 见赫尔曼·威尔（Hermann Weyl）所著《对称》
（*Symmetry*. Princeton 1952.）。

19 因此，福西永（Henri Focillon）在《艺术形式
的生命》（*The Life of Forms in Art*. 1942.）中谈论
"物质世界的形式"的时候说道："所有不同种
类的物质……皆是形式……它们的形式在原
始状态之下可以唤醒、启发以及繁衍其他形
式，……这是因为这种形式能够依据其自身的
法则来解放其他形式。然而……所有这些不同
种类的物质向形式索取如此之多，同时又向艺
术中的形式施加如此强大的吸引力，其自身最
终亦会被彻底改变。"

20 见埃尔温·潘诺夫斯基（Erwin Panofsky）所著
《视觉艺术的含义》（*Meaning in the Visual Arts*.
N.Y. 1955.）第 11 页中关于"发明"（invention）
的讨论。

21 潘诺夫斯基："领悟'意指'（signification）关
系的过程，就是将你试图表达的概念与其表达
方式区分开来的过程。"类似地，要想"领悟建
造的关系"，我们就需要将功能这一想法与实
现它的方式区分开来（《视觉艺术的含义》，第
9 页）。

的，而另一方面，一般形式这一概念就其本身而言是静态的整体、是不容许改变的；这显然就产生了矛盾。[18] 不过这一矛盾是可以调和的，只要意识到任何一般形式都拥有累加或复制的性质，从而得以生成和倍增，那么，即便某个单一立方体的属性已经被表述和分析过了，我们仍然可以在其上添加另外一个或一系列立方体，只要保证这些后来新加的立方体给原来立方体的状态造成可感知的变化。[19]

在建筑学情形之下，一般形式的出现总是从以上条件出发的。一座建筑物最初并不是由某个柏拉图式概念或形式发展而来的，而是要基于对意向和功能的考量。其后才有具体形式的组合，进而具体形式又可以在其同源的（cognate）一般形式的参照下被批判和修正。所以，譬如说，当我们从某个意向和功能出发，得到一个作为具体形式的带有中庭的立方体之后，必须从"一般性"角度对其进行分析，然后才能合理解释这种具体形式最初的来由并给予其适当的发展。

建筑学中一切具体形式最初都是对五要素中的意向和功能这两大要素进行批判的思想结果，这一事实清楚地表明，对于意向和功能的思考应当优先于对结构和技术的考虑。对"意向"更深入的定义或许可以支持以上论点：本词在这里的意思是指对事物的原始构想。[20] 例如，在建造一座神庙之前，我们必须事先具有"神庙"这个想法或概念。[21] 由于我们在经验上和历史上的联想，我们很难把"神庙"这一概念从神庙的功能或任何跟神庙相关的具体形式上区分开来。因而，意向与功能之间有着千丝万缕的联系：我们必然先有事物的概念，才能赋予它功能。举例说明：同样是"神庙"这一概念，很明显对于希腊人、罗马人，又或者是中世纪的人们，它所产生的是各不相同的具体形式。显然，"功能"一词有着过于宽泛的意义和用途：我们必须在此阶段就将其物质上的或实用上的意义和其形而上的或象征性的意义区分开来。"功能"最为显而易见的一层意义就是指适用于事物的行为或用途。假设给定的功能是"垂直运动"，那么我们可以回应以楼梯、坡道或电梯，就具体形式而言，它们均能够产生几乎恒定的结果。值得注意的是，这种形式的生成是对功能加上意向的共同回应，而不是单纯针对意向。同时需要注意的是，特定的实用性功能可以导致产生具体形式，而象征性功能则大概不能。但在某些时候，"垂直运动"还可能具有纯粹的实用性以外的意义。这种情况是

当"坡道""楼梯""电梯"被视为一种过渡的时候，即，一种连接两个主体空间的次级空间。如此一来，该空间的功能将不再只为实用性而存在，而是会迈入"象征"的领域。这时，单纯往楼层中间添插楼梯或者电梯的做法就不够了；我们必须从更广泛的含义上来思考楼梯或电梯给人的体验，从它们作为由一个空间到下一个空间的"象征性"过渡这一角色来思考。[22]

象征性功能必定不能与意向相混淆，因为前者是某种超验观念（transcendental idea）的再现。建筑学中生发的一个内在难题是，常用的具体形式的类型会随着时代的变迁而改变，因此它们作为象征符号的意义对于每个时代都不尽相同。[23]就对观者的影响而言，一座哥特式大教堂在当下的象征性功能显然会不同于它在中世纪人们心目中的意义。[24]具体建筑象征物的主观性与暂存性（temporal）特质决定它们难以成为理性讨论的基础。再者，不是所有的建筑都必须涉及象征性功能，也不是一定要满足这一要求。[25]"垂直运动就是指楼梯"这种想法并不需要象征性表现，但是一座神庙的设计中对精神理想、道德理想或者是知性理想的体现则是需要的。此外，如前文所述，对实用性功能的回应往往导致产生具体形式，而对象征性功能的回应往往导致产生一般形式：柏拉图实体和柏拉图式理念是息息相关的。使情况复杂化的是，某些具体形式源自实用性功能，却被用来制造象征性意义。因此，我们会在现代建筑中发现这样一些形式，它们最初服务于实用性目的，但最终却象征性地指代了"现代社会"这一理念。[26]这种赋予某些具体形式以"准超验论"价值（quasi-transcendental values）的做法，似乎是现代建筑所独有的。用潘诺夫斯基的话来说，正是这种转移，导致了形式的一般性意义的贬值。流线型就是一个例子，它最初只是对极端风应力效应的实用性回应。[27]正如许多批评家已经指出的那样，诸如此类的形式从那时起就被当作是对 20 世纪姿态与洞察力的象征性呼唤，被随意地、广泛地运用于各种设计情形之下。[28]

为了进一步说明这一论点，我们可以再一次引用神庙的例子。很明显，两种类型（实用性以及象征性）的功能在任何特定情况下都必然由"神庙"这个一般性概念得来。[29]以纯实用性意义来讲，"神庙"这一功能可以等同于"供大量人群集会的场所"。这就会引人联想到一个扣着屋顶的大型空间的画面。但是如果该

22　"这是建筑学中的人文主义：将功能的图像投射出来，使之成为实在的形式，这是作为创造性设计的建筑学的基础。我们从具体的形式中辨认出功能图像的倾向，是建筑学向批判性赏析转向的真正基础。"参见杰弗里·斯科特（Geoffrey Scott）所著《人文主义建筑学》（*The Architecture of Humanism*），第 213 页。

23　因此，鲍德温·史密斯（E. Baldwin Smith）在《罗马帝国与中世纪的建筑象征》（*The Architectural Symbolism of Imperial Rome and the Middle Ages*. Princeton 1956.）中写道："为象征性意向展现一种令人信服的阐述，这一问题……已变得棘手，因为现代人相信，建筑……一直以来都是为实用和审美原因而创造的。"类似地，贡布里希（E. Gombrich）在《新柏拉图思想中的视觉图像》（"The Visual Image in Neo-Platonic Thought". *Journal of the Warburg and Courtauld Institutes*. Vol. XI. 1948.）中说："一开始象征性功能在艺术中不被接纳，然后表现性功能也被置之其外；我们已经习惯性地认为，所有艺术都是关于'表达'这一功能的。"

24　参见奥托·冯·西姆森（Otto von Simson）所著《哥特大教堂》（*The Gothic Cathedral*. N.Y. 1956.）导言，第 XIX 页。

25　参见尼古拉斯·佩夫斯纳（Nikolaus Pevsner）所著《欧洲建筑纲要》（*An Outline of European Architecture*）导言。

26　因此，"第十次小组"（Team X）成员就国际现代建筑协会（C.I.A.M.）"四条路线"（Four Routes）的局限性提出了异议。

27　《视觉艺术的含义》第 13 页脚注："最初，流线型是实实在在的功能性的原理。"

28　例如德国表现主义流派作品，典型的如门德尔松（Eric Mendelsohn）的爱因斯坦天文台（波茨坦，1919—1921 年）。

29　鲍德温·史密斯对祭坛华盖及城门的象征性功能作了彻底的探究。见前引书，注释 23。

30　参见路易·奥特科尔（Louis Hautecoeur）所
著《神秘主义与建筑：圆和穹顶的象征意义》
（"Mystique et Architecture, Symbolisme du cercle
et de la coupole". Paris 1954.）以及雅克·马里顿
（Jacques Maritain）所著《符号与象征》（"Sign
and Symbol". *Journal of the Warburg Institute*. Vol. I.
1937.）。

31　类似米开朗基罗关于"柱式"的思考。参见詹
姆斯·阿克曼（James Ackerman）所著《米开朗
基罗的建筑》第一章《米开朗基罗的建筑"理
论"》（"Michelangelo's 'theory' of Architecture",
The Architecture of Michelangelo.）。

"神庙"想要进一步成为"社群朝拜的中心"，那其中就被注入了象征性功能。作为回应的具体形式就不能再是"扣着屋顶的空间"了。现在这个屋顶跟邻近的其他所有屋顶都不一样了。它有可能是采用了不同的形式，具有不同的结构，或是由不同的材料构成，这些通通倾向于将它从周遭环境中区分出来，从而促使它被视为一个视觉中心。很明显，我们可以认为这是对象征性功能需求的一种回应。最初，对实用性功能的回应可以由"屋顶"这一概念生成"穹顶"这一具体形式而非任何其他形式。[30] 同一个穹顶会让不同的人产生不同的反应，我们从这一事实中也可以看到具体形式的暂存性和主观性本质。工程师看到的有可能仅仅是它的支撑方式，以及例如边缘应力和连续受力面等建造中的固有问题；宗教领袖从这同一座构造物中想到的有可能是其神秘内涵以及它和教会仪式的关联；而心理学家则有可能从中获得性联想，等等。这些全部都是针对作为具体形式的"穹顶"这一感知对象（percept）的回应类型。但同时，还有一系列回应是针对"穹顶"这一概念（concept）的，而它们则具有一般性本质。穹顶是形心型的，它在各个方向上都保持等量扩张。这意味着离心运动。这些都是形式的绝对性质，诚然，它们必须落实到具体问题中才能够得以实现；其后我们方可以说，它们恰当的具体形式，即穹顶的实际形状，在其所处的具体场合之下是恰当的。比如，如果一块场地的四周不是同等可及的，我们就很难解释为什么要优先选择形心形式而不是线型形式。同样地，我们很难合理解释为什么要在一个转角的场地上置放十字型或风车型平面的建筑物，因为只有当场地的四周同样可及的时候，我们才能以这种方式使用这类一般形式。

只有当具体形式是基于我们对实用性功能的考量而建立的时候，我们才能够分析一般形式的内在属性，从而检验它与具体情形是否适切。其实这完全没有听上去的那么苛刻。在任何既定条件下，一般形式都可以推导出各种各样的复杂系统。我会在第三章中对这一点进行详细的演示。

关于形式，我们现在应当结合它与结构及技术之间的关系来进行研究。[31] 结构可以说是任何一栋建筑物的骨骼与动静脉。它是将意向和功能转化为物质实体的框架。它不仅包括结构中的柱和板，还包括了机械设备的管道和线路。既然我

们如此比喻结构，那么技术便可以说是建筑物的韧带：它是用来连接、表述与巩固结构的方法；由此可以清楚得知，在各要素等级关系中，技术是从属于结构的。那么现在，我们应该结合其他各要素来思考结构。柱和板的正交关系，在其抽象与绝对的状态下，可以是任何尺寸的；一旦它变得具体，它唯一的限制便来自于所选材料的物理属性。柱的简洁性、规则性以及尺度感此刻还不受任何其他因素的影响。这些柱子不为意向、功能或形式而改变，此时它们唯独遵从其自身组织形式所必需的绝对条件。这就进一步证明了一般条件对具体条件的超越，因为在这一意义上的结构可以被视为是具有一般性特质的。

只有当我们开始着手思考意向和功能的时候，才能确定结构的单元尺寸（unit-size）；这不仅要就结构的经济性而言，还要考虑到能够最大限度地容纳具体功能所需要的合适尺度。这两个需求同等迫切却又很可能互相冲突，而正是在这种情况下，"优先次序"或者要素等级这一整套机制必须开始运作。假设一开始我们优先考虑内部功能，那么，柱子的布局就会发生"形变"（distortion）[32] 以满足功能的要求，而柱子材料的选择则会基于必要的开间尺寸。这里的"暂存目的"被赋予了高于"绝对目的"的优先次序，而内部功能的考量所引发的这种柱子布局方式的"形变"就是例证之一。不过，若是想要校正最开始发生的这一形变，又要兼顾内部功能，那么这就相当于试图重新建立一种以"绝对目的"为首的优先次序。

因此，有关具体结构形式的决定因素，归根结底应当被视作是源于一般形式的。一根柱子是圆的、方的、十字形的还是矩形的，这些无疑均不取决于其他各要素的限定。其决定因素唯独可能源自整体秩序的迫切需求，或者某些特定的一般形式的迫切需求。

技术是建筑的细节和方法：它是制造和生产的方式，以及接合、密封和固定的方法。技术的实用性本质决定它几乎完全只涉及具体问题而非一般问题，因此，它在要素等级中是最为次要的。这看上去似乎与当下有关标准化和预制化的思考互相矛盾。[33] 但是，技术在优先次序上的较低地位，并不意味着要否定其重要性，反而是要试图将其与一种绝对的价值维度联系起来。很明显，越复杂的社会就

32　译注："distortion"一词本义多作"扭曲"，本书中译为"形变"，指一般形式演进为具体形式过程中所发生的改变。

33　参见格罗皮乌斯（Walter Gropius）："在历史中所有的伟大时代里，标准的存在，也就是指有意识地运用类型化形式的做法，一直都是有礼有序的社会的准则，因此，当代设计的主要任务就是通过工业技术来实现这些准则。"以及更早之前的赫尔曼·穆特修斯（Hermann Muthesius）："只有通过标准化，它们（建筑以及德意志制造联盟 [the Werbund] 的活动）才能重树它们在和谐文明时代才享有的普遍的重要地位。"（德意志制造联盟年会，科隆，1914 年）

需要本质上越复杂的功能，继而反过来产生对更为精细的技术的诉求。在任何过程当中，各部分之间往往都存在一个"反馈"关系。所以，随着方式方法的发展，其应用范围亦会延伸开来，进而启发新的形式和功能。例如，一旦一个新产品被开发出来，我们就会相应地产生想去使用它的冲动。此中危险不在于技术时代会产生属于它自己的形式，而是，这些由纯粹的实用性、技术性流程演化而来的形式会被注入象征性意义。不过首先，技术确实是可以影响系统化发展方式的，这在下一章中会有所说明。一个通过混凝土来构思的立方体和一个通过钢铁来构思的立方体不可能触发相同的系统化回应。混凝土立方体可以被看作"体块"（mass），也可以被看作"表面"（surface），然而我们很难想象一个钢立方体被视为"体块"，因其蕴含着柱的秩序（columnar order）。但是反之，我们可以说，由于要素等级的缘故，一个一般性立方体从一开始就不应该受到钢和混凝土技术所施加的具体层面的约束。

不过，在有些情况下，技术显然会得到更多重视，这将取决于建筑设计任务的要求。所谓"显赫"的建筑物，只要是作为整体环境框架下的视觉中心而存在，就不必达到像大规模住宅和工业项目那般的标准化和预制化程度。但是，"技艺"（technique）这一概念是指对技术（technics）的精确实施，相比在大规模开发之中，它在单体建筑物中应该会获得更多的重视。我们必须切记，"技艺"和"技术"绝不仅仅只是建筑的点缀。被赋予"技术"的具体形式，以及通过技术将各部分结合在一起而演化出来的形式，必须从属于某种整体秩序；技术不应该被强加于概念、功能、结构和形式之上。只有基于一般形式的建筑学逻辑才能实现这一秩序；不过，我们也不能将其过分强调，因为最终的产物只可能是形式和"建筑学等式"中其他各要素的综合。

我们将通常属于形心型的塔楼与通常属于线型的板楼作比较，就会对这一综合有所领会。塔楼和板楼这两者均是由"多个单元的垂直叠加"这一意向和功能演化而来的。它们各自都必须明确地表达出其自身是如何由形心型或者线型等一般构型衍生而来的。垂直流线是二者共同的问题，解决了这一问题，似乎就为它们提供了逻辑基础，用以解释它们的演化过程以及它们与一般形式之间的相互关系。把电梯简单地植入二者中任何一个（有的人以为只要这样做，那么垂直方向上的表达就明确了），只相当于对实用性功能的"如画"式展现（picturesque manifestation）。不过，若是我们能够针对上述垂直流线推导出某一具体形式，并且该具体形式不仅满足它的实用性功能，而且作为由地平面上升到更高层之间的过渡空间，一同满足了其象征性功能，并且进一步表达了线型的一般性质，那么，它就表现了我们所追求的综合。于是，层与层之间的螺旋运动可以用来定义塔楼的形心型特性，而垂落的、连续的运动则可以定义板楼的线型特性；不论在哪种情况下，连续的楼层与贯穿其间的运动方式之间的关系都没有被刻意切断。

如此就清楚地说明了，形式的赋予远不止于形状的创造，也不仅仅是创造漂亮、美观的物体而已，因为这些都只能满足感知而非概念层面的需求。赋形必然意味着对某种秩序的表现，不论这一秩序是指向具体建筑物意向和功能的清晰表达，还是指向单体建筑物与整体环境之间关系的清晰表达。因此，形式既是具体的，同时又是具有普遍意义的。它为建筑学提供了表达意向和承载功能的具体方式，以及创造有序环境的普遍方法。

2
一般性建筑形式的属性

CHAPTER TWO
THE PROPERTIES OF
GENERIC ARCHITECTURAL FORM

至此，本文的讨论已经确立了关于建筑学要素等级的假说，而"形式"位居塔尖。文中也已经或多或少地出现过对于建筑学里的"形式"一词的定义，但是并未能够限定它的精确含义。查词典也没有多大帮助，因为词典在解释一个词的时候，不过是依靠意思相近却又不尽相同的其他词汇来替代。于是，如果我们在词典里查阅"形式"一词，就会发现其释文中会出现"形状"，反之，当你查阅"形状"的时候又会看到"形式"。但是，诸如"构型"或者"局部之于整体的关系"这类形容却的确可以提供有价值的启示。它们呼应了格式塔心理学学派的理论者所提出的关于"格式塔"的标准定义，即"在任一给定情况下都被视为总体感知场域中保持独立的整体"，而这一整体源自一种"与单纯的并置或随机分布截然相反"的组织过程。然而，这一点仅凭自身并不足以描述建筑学中形式的含义，因为格式塔心理学观点多少暗含着对视觉和图绘方面的强调，而本论文要反对的，恰恰就是形式的这种视觉和图绘概念。为了理解建筑形式的概念基础，我们就有必要在建筑学语境中离析出跟一般形式相关的那些属性。它们是：体量（volume）、体块（mass）、表面（surface）和动势（movement）[1]；这里，动势被视为一般形式的一种属性，是体验、进而理解任何建筑情境的基本要素。这些属性将为形式语言提供基本语汇，它们将阐明具体情境中的概念与图绘方面的问题。光、平衡、比例、尺度以及形状等方面将在后文中出现，但仅仅是联系具体语境下的具体形式作讨论。[2] 体量是一切建筑形式中起生成作用的属性（generating property），因为在所有的造型（plastic）表达方式中，唯有建筑是要求我们同时从内部和外部进行理解的。[3] 本论文要想有所发展，就必须从体量而非空间的角度来思考建筑，而"体量"和"空间"的区别绝不只停留在学术或字面意义之上。[4] 在现代批评中，"体量"和"空间"这两个词经常被随意使用或者混用，以致二者对于理性思辨都不再具有价值。二者之间的根本区别在于，我们可以从动态的角度来看待体量：它是具体化的、被限定的、被包纳的[5]。我们可以想象它能够往外部施加压力，同时也能够抵抗外部施予给它的压力。"空间"，作为连续的、无约束的一种状态，由此可见，就成了一个多余的词，尽管我们得承认，一切形式都是以空间的状态存在的。空间[5]仅凭自身是不会作用、流动或者相互穿插的。建筑形式可以被视为存在

1　译注："movement"一词本义为"运动"，本书中译为"动势"，为一般形式的一种属性，应区别于实际的运动。

2　参见布鲁诺·赛维所著《建筑空间论》，见第一章注释。

3　参见路易吉·莫雷蒂（Luigi Moretti）所著《空间的结构与次序》（"Strutture e Sequenze di Spazi". *Spazio* 7. 1952.）。他提出通过明暗对比（chiaroscuro）、造型价值（plastic values）、内部空间和所用材料的性质来解读建筑；其中最具代表性的用语就是"空间"。

4　文森特·史考利（Vincent Scully）在《土地、神庙和神明》（*The Earth, the Temple and the Gods.* Yale 1962.）中，松散地谈到了正空间与负空间，并暗示负空间不具有内在的力。这里，"体量"一词暗示了一种作为初始条件的中性空间。

5　这里"空间"一词的用法是依据牛顿的定义："绝对空间，就其自身本质而言，是与外界任何事物无关，永远保持相同和不动的。相对空间是绝对空间的可动部分或度量。"参见《自然哲学之数学原理》（*Principia Mathematica*）。

于"空间"之中的"体量"。体量是动态中的空间，是限制和包纳所带来的结果[6]：它不可能以不受压力的状态存在，因为根据定义，体量就是被激活的空间。进而，我们还需要区分内部和外部体量。[7]我们将假定，所有内部体量皆为"正"[2]，它们来源于有目的的围合与包纳；而所有外部体量皆为"负"[3]，它们是两个或者两个以上的正体量并置时被激活的间隔空间。这一假定在某种程度上排除了两种就我们的讨论而言不够贴切或者不够精确的理解。其中一种理解认为，所有体量，相对于个体观者或者任何置于该体量之中的"正"物体而言皆为"负"[4]。这一理解将个体观者确立为一个整体，但是却未能把"围合"与"间隔"加以区分，这二者相对于"正"的人体而言都被视为了"负"。第二种理解则为内部体量赋予了"内凹"的性质[5]，为外部体量赋予了"外凸"的性质[6]，但这些性质均应属于"体块"，也就是正体量[7]。[8]这两种假设都不能帮助建立由正负体量控制所产生的整体环境的概念。相反，正是将体量视为一种基础单体的观念，让我们能够认识到所有围合状态皆为"正"，而所有间隔状态皆为"负"。因此，在密斯设计的伊利诺伊理工学院（I.I.T.）校区里，个体建筑体块成了正体量，而它们之间的空间则成了负体量[8]。正体量和负体量的尺度与构型都是一样的，从而开始产生一种相互交织的关系，或是用格式塔心理学的说法，一种"图—底"关系（figure-ground relationship），为整体构成赋予了初始的秩序。[9]

最初，体量的动态是它抵抗施加在其身上的包围力量的结果：这些力量源自一切影响空间中性状态的、物质的或抽象的扰动。内部压力可以被视为对限制条件的抵抗，这些限制条件是：起包纳作用的表皮、动势或流线、被置于体量之中的物体（视为体块）。此外，任何体量都可以根据内部和外部力量的具体条件来赋予或是接受形式。[10]

我们有必要详细讨论两类基本的限制条件：其一，一般形式的其余属性（体块、表皮和动势）；其二，隐含的或者实际的笛卡尔网格。正是后者为一切具有体量的实体（entity）提供了为其赋予秩序的矩阵（matrix）。这一网格对于控制一般形式是如此切要，我们以后还须另着笔墨。

我们将空间的、三维的网格或者说"笛卡尔"网格视为一种连续统一体

6 因此，潘诺夫斯基在《视觉艺术的含义》第 21 页写道："一种基本的反命题：异化与延续，体量限制与浩瀚无限（空间）。"

7 参见注释 4。

8 关于前者，参见鲁道夫·阿恩海姆（Rudolf Arnheim）所著《艺术与视知觉》（*Art and Visual Perception*. London 1955.）。第二种理解由艾尔诺·戈德芬格（Erno Goldfinger）提出，参见《空间的感觉》（"The Sensation of Space". *Architectural Review*. VXC. 1941.）。亦见于拉斯穆森（Steen Eiler Rasmussen）所著《体验建筑》（*Experiencing Architecture*. London.）。戈德芬格将雕塑定义为"凸"而建筑为"凹"。

9 参见文森特·史考利的文章《现代建筑：走向一种"风格"的重定义》（"Modern Architecture: toward a redefinition of style". *Perspecta* 4.）："体量和虚体是由同一模数定义的。"另见凯佩什，前引书："图形与背景之间、正空间与负空间之间不存在视觉层面的基础。"

10 莫雷蒂（前引书，注释 3）将内部空间的属性罗列如下：几何形式；体量的量；光的密度；边界（墙体）之内的压力或能量储备以及从中释放的能量。再次引用凯佩什："任何一种平衡状态的生命力取决于相互对立又相互平衡的力的强度。"（前引书，第 121 页）另见杰弗里·斯科特所著《人文主义建筑学》，第 210 页："这些体块如同我们自身一样能够承受压力和阻力。"

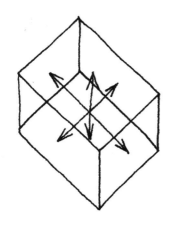

¬1 体量是被限定和包纳的空间。

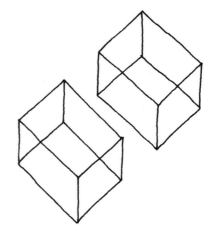

¬2 内部体量为"正",源于目的明确的围合。

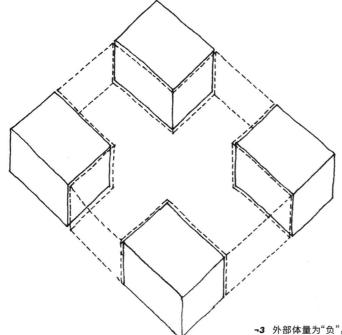

¬3 外部体量为"负",源于两个或两个以上
的正体量的并置。

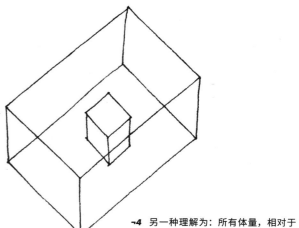

¬4 另一种理解为:所有体量,相对于
它所包含的物体而言皆为"负"。

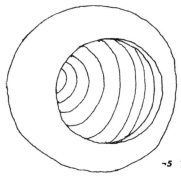

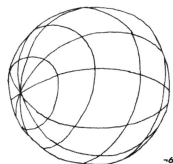

¬5 第二种理解认为内部体量是内凹的……

¬6 ……而外部体量则是外凸的。

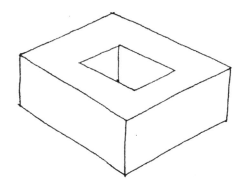

¬7 外部体量的外凸性质在这里被视为"体块"。

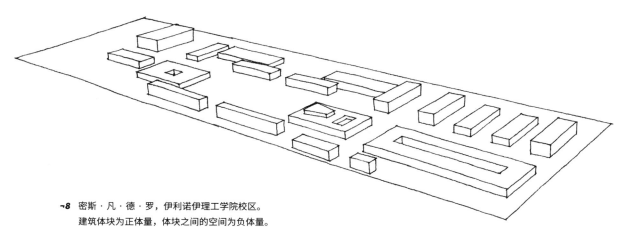

¬8 密斯·凡·德·罗，伊利诺伊理工学院校区。
建筑体块为正体量，体块之间的空间为负体量。

一般性建筑形式的属性　　　39

11 参见麦克斯·雅默（Max Jammer）所著《空间的概念》（*Concepts of Space*. N.Y. 1960.）："三维坐标系统，尤其是矩形空间坐标系统的使用直到17世纪才被认可（笛卡尔、凡司顿［Frans van Schooten］等）。"

12 见柯布西耶《明日的城市》（*City of Tomorrow*）："直角是行为实践的充要条件，因为它使我们能够绝对精确地判定空间……"；"直角只有一个。"他还将其与文化状态联系起来，类似后来的标准化的支持者们，如奇利比尼（Ciribini）教授等，称"文化是一种思维的正交状态。"

13 例如，见乔治·桑塔亚那（George Santayana）所著《美感》（*The Sense of Beauty*. New York 1955.）："经过组织后的自然是统觉形式的源泉……［这是］通过不断重复某些序列和反复呈现数学关系中的精确性。"

14 因此，关于巴塞罗那德国馆，雷纳·班纳姆在《第一机械时代的理论与设计》中说："其水平面……及其散布的垂直表面……将莫霍利 - 纳吉（Moholy-Nagy）的'空间片段'（pieces of space）之一标记出来，有效实现了'与外部空间的完全渗透'。""如果说有那么一座建筑物，它的水平平板是绝对的，这座建筑物定是密斯的巴塞罗那德国馆。"

（continuum），从而为无论是一般还是具体的建筑形式提供了绝对参照。[11]

这一网格相对于任何形式而言都应被视为一种抽象实体。它是一切感知的参照系：主要来源于我们身体对重力的感觉。当某物体坠落时，它会沿着一张垂直面呈直线下落（铅锤就是最明显的例子）。又如，要想竖直放立一个矩形物体，就必须让它垂直于地面站立否则就会翻倒。它是否能被视为垂直站立，取决于其与水平面所形成的夹角，而水平面正是网格的另一要素。这两组坐标得以互相参照，是因为它们相交产生了一个关键的夹角，也就是直角。[12]显然，这些要素最终涉及重力，因为如果水平面发生倾斜，垂直元素也会随之倾倒。再者，水平面在视觉上与地平线或者任意水位高度有关，尽管二者都不是严格意义上的平面：但是在此处的语境中，它们均应被视为感知的绝对基准。水平面可以被认为是地球表面任一切线的投影。联系到建筑学内容，水平面应当被视为无方向性的，因为一旦它被赋予方向性，就会产生相交的临界点（critical points of intersection）。

无论是人造的还是自然的，一切事物都可以用这一网格作参照。当我们看到一棵树，我们说这棵树是由它的垂直轴线这个一般性"先例"（generic antecedent）形变而来。当我们感受一片景观地貌，我们总是以一条绝对地平线作参考才能察觉到它绵延起伏、或粗犷或柔和的形变。[13]同理，所有人造物体在感知上均可参照一般绝对基准，即柏拉图实体：圆锥、球体、立方体等等，它们都是以各自的轴线参照为基础的。因而，我们可以参照这一空间网格去理解所有的线型或形心形式。通过单独强调垂直轴线或者水平轴线中的一者，我们就能够感知到线型形式。因此，圆柱体参照的是垂直或者水平轴线，而立方体一类的形心形式则没有单一的主导参照，尽管其形式的生成要基于三轴上的等量关系。

具体而言，空间网格对于现代建筑有着特别的意义。点式支撑和非承重墙的发展给网格赋予了若干具体性质。

我们可以假定，网格提供了三组坐标：一组水平和两组垂直，根据具体情况它们会有不同的取值；水平参照因其与重力的联系通常占主导地位。这种参照在密斯多数的布局中均有出现。

密斯会根据具体情况运用水平面来明确表达其绝对性。[9][14]通过这种做法，他仅仅展现了一张无限网格中的一个片段：蒙德里安的画作中亦蕴含此理。对于密斯，柱子仅仅定义了体量，并非关于垂直绝对基准。就这方面，可以针对密斯建筑中不断变化的柱截面及其对特殊与绝对情况的影响做一个有意思的研究。但是这里，我们只需要知道，密斯采用不同的柱截面是为了暗示一种定向动势，以及静态的和连续的体量秩序。柯布西耶建于普瓦西（Poissy）的萨伏伊别墅（Villa Savoye）同样强调了这一水平面，在这个项目里他也提出了一个水平的连续统一体。¬**10** 15 柯布西耶早期的多米诺住宅（Maison Domino）图解亦通过参照垂直网格，并运用水平体量化切片（volumetric slices）设定了一个水平绝对基准。¬**11** 16 以上各个案例中的平面都获得了解放，使得它们可以参照这一绝对基准来接纳任何一种具体形式。事实上，在柯布西耶的所有作品里，我们都能发现他将网格的概念用作一种绝对参照。这种参照的基础最初源自柯布西耶《走向一种建筑》（*Vers Une Architecture*）一书中对雅典卫城的分析。¬**12** 17 这里，卫城本身可以被视为水平面，而帕特农神庙的柱网则被视为垂直面。如此，它们便形成了绝对参照，并与远处的山脉形成了感知张力，而这些山脉可以被看成作为具体条件出现的"体块"。山脉这一具体形式，与柱网这个一般形式并置，创造了一种辩证状态。18 柯布西耶的所有建筑无不受到这种影响，也正是由于这一辩证基础，我们才得以追溯和分析他作品中的系统化发展方式。

在加歇别墅（Villa Garches）19 和萨伏伊别墅 20 中，体量的界定以及特殊曲面的组织都需要运用到柱的秩序（columnar order），而这一秩序显然源自对几何绝对基准的指涉¬**13**。如同在柯布西耶后期的作品中一样，这些曲面仅仅是初始状态中的"体块"，它们在某种程度上参照网格来获得精确定位。这种"体块—网格"关系在昌迪加尔立法议会大厦（The Assembly Palace at Chandigarh）21 和拉图雷特修道院（Convent of La Tourette）22 中达到成熟，曲面被完整呈现的体块所代替¬**14**。在拉图雷特修道院项目中，更是只有考虑到空间网格，我们才能够理解系统化发展方式对其作品的影响。也许对于"体块—网格"关系最成熟的表述还要数朗香教堂（Chapelle de Ronchamp）23。朗香实质上是一组复杂的"体块—表面"辩证关系，只有在正交网格的参照下它才能得到完整呈现。¬**15** 这里的网格是隐含的、概念

15 《勒·柯布西耶全集》（以下简称《全集》）第一卷。

16 同上。

17 《走向一种建筑》（英文版第 43、50 页及第 3 章）。

18 这一关系在文森特·史考利的《土地、神庙和神明》中亦有所暗示。关于水平绝对基准如何统一希腊"神圣围地"（temenos）的价值，马蒂恩森（Martienssen）博士亦已在《希腊建筑中的空间观念》（*The Idea of Space in Greek Architecture*）中有所指明；他还强调，柱的秩序为内外空间提供了体量上的连贯性。

19 《全集》第二卷，1929—1934 年。

20 同上。

21 《全集》第六卷，1952—1957 年。

22 同上。另见柯林·罗文章（*Architecture Review.* June 1961.）。

23 《全集》第六卷。

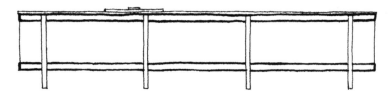

¬9 密斯·凡·德·罗，范斯沃斯住宅。水平面的绝对性。

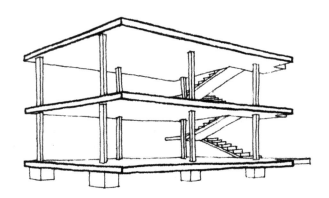

¬11 勒·柯布西耶，多米诺住宅。以垂直网格为参照的水平绝对基准。

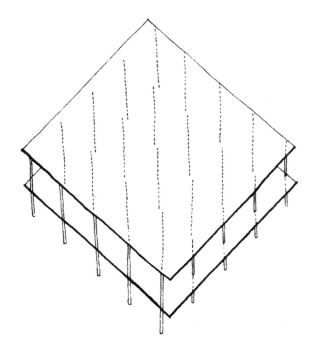

¬10 勒·柯布西耶，萨伏伊别墅。水平的连续统一体。

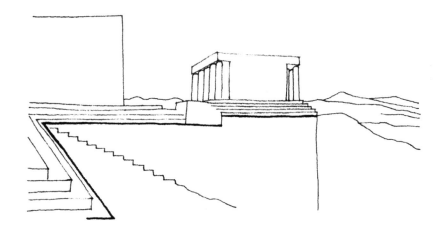

¬12 雅典卫城中的垂直面和水平面充当了远处山脉的绝对参照。

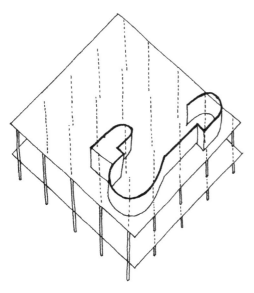

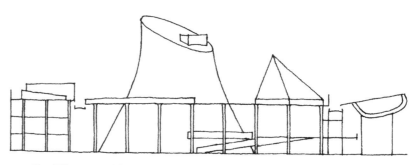

¬14　勒·柯布西耶，昌迪加尔立法议会大厦。
　　有关"体块—网格"关系的成熟表述。

¬13　勒·柯布西耶，萨伏伊别墅。以一组绝对网格为参照，
　　曲面受到张拉。

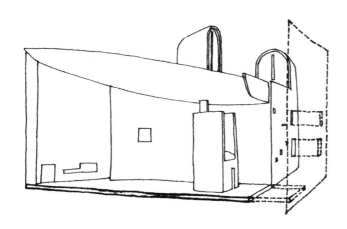

¬15　勒·柯布西耶，朗香教堂。弯曲的"表面"被视为"体块"，
　　并以投影面或绝对网格为参照而得到呈现。

性的参照。它在物质上的唯一表达，是扭曲的表面上的矩形切口以及户外平台上的祭坛。这些开口和祭坛像是由外力从墙体中牵拉出来一般：这力量就来自空间网格，它将整个建筑复合体保持在一种刚劲的、张紧的状态。而户外平台与室内地面高度并无实际联系，它通过对水平绝对基准的表达，进一步强化了关于正交网格的参照。在某些情形下，我们还可以将两组垂直坐标加以分辨：正面（the frontal）和正交（the orthogonal）。柯布西耶在加歇别墅中就作出了这种区分，正面被解读为表面，而正交面则是通过柱子的组织来表达的。[16] 那么，水平面和正面都被视作了"平面"（planes），因此它们拥有同样的相对性质，从而使我们可以从中发现一种反转，或者说"反重力"的解读。在大多数情况下，当水平面未得到区分时，那么垂直的柱的秩序就应当提供绝对网格参照，进而对其间平面（plan）的发展作出限定。如果水平面或垂直面这二者都不充当绝对基准，那么整体秩序的条件就会荡然无存，因为任何最终产生的形式都将没有参照架构可循。

为了理解"体量"，我们必须先介绍"动势"这一概念，并假定，对建筑的体验其实是众多体验之和：它们通过视觉来得以领会，同时也是其他感官的体验；但这和初次欣赏一件绘画作品不同，它需要更加漫长的时间积累，然后才逐渐形成一种概念的而非感知的整体。[24] 既然这一整体是概念性的，那么它就必须具有概念应有的清晰性：它的道理在智识层面和视觉层面均必须清晰易解。格式塔心理学者已毋庸置疑地证明了，可理解性主要依靠简明的构型，例如正方形、矩形以及圆形等等。将它们投射到三维空间中，就成了立方体、长方体和球体，简言之，就是成了我们之前一直在讨论的一般形式和基本实体。同样，一旦它们开始以建筑实体的形式存在，一旦我们需要从内部和外部，甚至很多时候需要从不同层高去体验它们，那么，统觉（apperception）的总体就会通过动势和流线的过程逐步建立起来。从这个意义上讲，动势应被视为构成一座建筑的外部因素：它并不是建筑作品本身的性质，而是建筑物施加于个体的行为模式。[25] 因而，动势可以被定义为，人在任何建筑环境中的流线。动势可以被视为几何矢量或者一种外力，甚至是一种负体量，然后我们便可以根据它的尺寸、强度和方向为其赋予近似值。因此，一道没有人经常通过的门，相比于一排被不断使用的门，它所产

24 参见杰弗里·斯科特，前引书，第 227 页："空间实际上是动势的解放。这便是它对于我们的价值，它也是如此进入到我们物质层面的意识中去的……空间中蕴含了一种动势（教堂的中殿）。相反，严格依照人体比例的对称空间不会选择性地诱发某一方向上动势。"另见凯佩什，前引书，第 59 页。

25 沃尔福林（H. Wolfflin）及其他一些人倾向于认为动势是具体艺术作品自身的性质。詹姆斯·亚当（James Adam）曾称赞凡布鲁（Vanbrugh）的作品具有"如画的动势性质"。（约书亚·雷诺兹爵士［Sir Joshua Reynolds］在第 13 篇《论述》［ "Discourse" ］中，以及沃尔福林均将"动势的原理"与"如画"性质联系起来）。罗伯特·亚当（Robert Adam）在《亚当兄弟建筑作品集》（ Works in Architecture of Robert and James Adam ）第一卷中将建筑动势定义为"随着凹凸时起时伏、时进时退"。詹姆斯·亚当在 1762 年写于罗马的《关于立面及其动势》（ Of the Elevation and Its Movement ）中这样说道："建筑物在远观的时候呈现动势，没有什么比这更能体现它的美。"另外他还谈到了由"拱顶和穹窿"产生的"剖面中的动势"。

生的矢量大小必然是不同的。由此，我们迫切需要形式上的清晰性，以及对那些为人熟知的实体原型的明确参照，因为体验任何一种组织形式的人必须能够在过程结束时在视觉记忆和肢体记忆中保存自始至终的一切经历。再者，不仅仅是表达上的清晰性让我们所说的动势有了意义，动势本身也为整体组织赋予了意义。[26] 因此，我们在这里是在类似很多批评家所说的"时间"层面上来使用"动势"一词。只是"动势"比起"时间"来说，是对于建筑体验的更加精准的定义，因为"时间"可以具有一种静态的意味，而"动势"则涵盖了"时间""间隔"以及"流线"等概念。正是在这一语境下，"动势"应当被视作一般形式的一个属性。我们思考体量的时候，不能够不考虑其中存在的动势，因为体量的本质就决定了它是为了容纳动势而存在的。所以，中性状态下的体量只能是一个抽象概念，因为体量在物质上的所有表现形式都受动势影响。动势影响以及修正一般形式的平衡状态，因而它是赋形及其最终表现形式中不可缺少的一部分。之后我们会看到，动势这一属性是任何建筑系统发展的生成因素之一。

　　"体块"与"表面"这组概念相辅相成因而不能分开讨论，实际上，为了更有力地澄清它们的存在，在大多数建筑表达中它们都处于一种辩证关系。[27] 由于二者均是容纳空间的方式，所以顾名思义它们都是一般形式的属性，因为它们是控制一切体量的内在条件。纯粹从逻辑上讲，我们可以说"体量"只可以被视为一个抽象概念，因为我们能够看到的仅仅是"体量"的最外层，也就是"表面"，而"体量"本身则是由"表面"暗示出来的。不过，在绝对意义上，把表面看成一种独立的整体来进行讨论是值得商榷的，因为表面可以被认为是体量的最外层，即"表皮"（skin），又或者可以反过来说，体量是由无数层表面或平面组成的。[28] 这两种对表面的理解可以在柯布西耶的萨伏伊别墅和加歇别墅中找到例证。前者可以用来示范被一张绷紧的表面薄膜包裹的体量，而后者则是通过一系列垂直表面表达出来的体量 ˥17 ˥18；这里的体量本身被视为了一系列体量化切片或者具有厚度的平面，就好比是一叠纸牌可以组成一块假想的实体。然而，这些定义并不能帮助建立体量和表面这两种属性的相互关系。我们有必要对这二者加以区分，才能将它们作为一般形式的属性互相联系起来。

26　例如，见马蒂恩森关于希腊"神圣围地"（temene）以及内在动势模式的分析。史考利亦谈到"动势的启示性原理"。

27　参见阿尔甘所著《布鲁内莱斯基的建筑与透视理论的起源》（"The Architecture of Brunelleschi and the Origins of Perspective Theory". Vol. IX. *Journal of the Warburg and Courtauld Institutes.* 1946.）："平面（plane）是空间的完整再现；而表面（surface）是静止的物质……是物体的外层表皮，尽管它是物质的最外层边界，是物质与空间的缝合。平面是……一种几何整体，一种'相交'——一种纯粹的心理抽象概念。"

28　阿尔甘（前引书，注释27）："但是，空间的均质性破坏了物质的均质性——因为，若要将空间视为均质的，也就是说连续而不被物体所中断，我们就必须认为这些物体是由空间构成的，即可拆分成一系列连续的面。"

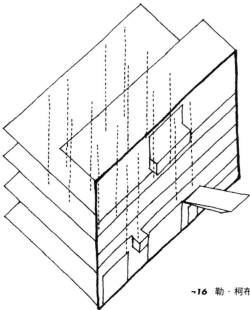

¬16　勒·柯布西耶，加歇别墅。正面为"表面"，正交面为柱。

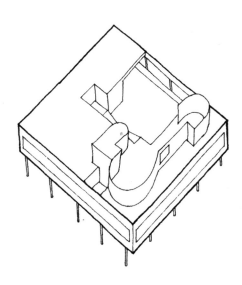

¬17　勒·柯布西耶，萨伏伊别墅。被一张绷紧的表面薄膜包裹的体量。

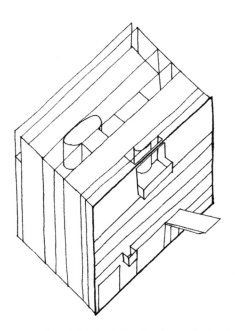

¬18　勒·柯布西耶，加歇别墅。由一系列垂直面组成的体量。

体块[29]，用科学术语说就是物体所含物质的量，是一种密集的聚合体，也就是实体。正是把体块视为实体的这一思路，使得我们可以通过隐喻的方式，为其赋予一种与表面相对立的定义。于是我们现在可以说，体块就是一种建筑构成（composition）的状态，它在最初是以实体的形态呈现出来的，但是它在被逐渐腐蚀、侵吞的过程中获得了最终形式。米开朗基罗说过，雕塑是"从石块中凿去多余部分的过程"，就一般形式而言这也是对"体块"的恰当定义。[30] 由莱斯利·马丁爵士（Sir Leslie Martin）和科林·圣约翰·威尔逊（Colin St. John Wilson）设计的凯斯学院宿舍（Caius College Hostel）就是"体块建筑"的实例。[19][31] 这里的中庭以及周边的外廊看上去就像是一块中部挖空的实心砖砌"体块"。既然"体块"在米开朗基罗的比喻中指的是雕塑，那么"表面"用他的话来说就是指绘画："逐步添加的过程就好比绘画。"[32] 在这一语境下，表面与体块是对立的；它不能被单纯地看作体量的最外层。当我们有明确的意图要将一栋建筑物的外观表现为如同一副纸牌一般通过累加过程（additive process）层层叠加而成，那么这种情况就应被视为表面。在这一语境下的表面在本质上是平面的，因此可以被直接解读为体块的反命题（antithesis）。然而，表面还有另一种诠释，即将其理解为薄膜或"皮"，这样的话就没有那么容易将其与"体块"分辨开来了。表面"表皮"（surface "skin"）或者表面"平面"（surface "plane"）与"体块"的区别，在很大程度上要基于开口的位置和尺寸、转角的处理以及材料的选择。所以，在马塞尔·布劳耶（Marcel Breuer）设计的悬挑住宅中，转角处木材的斜面接合（mitring）以及玻璃的对接方式都暗示着有一种紧绷的表皮或薄膜围裹着建筑物。[20] 而路易吉·莫雷蒂（Luigi Moretti）在他的"向日葵"住宅（Casa "Il Girasole"）中试图表达一系列表面"平面"，这在建筑物主体的表述中十分明显。[21][33]

累加的概念与削减相对立，它们可以被用于在辩证的情况下有意识地创造模糊性，并由此生成外形上的张力。这种模糊性有可能在视觉上标记着内在需求与外在需求之间所固有的概念性对立。一个很好的例子是朱塞佩·特拉尼（Giuseppe Terragni）的法西斯宫（Casa del Fascio），设计中虚实空间的微妙置放让人一会儿觉得它是被削减的实体，一会儿又觉得它是累加起来的平面。[22] 起初，

29　译注："mass"一词在英文中既有"体块"的意思，又有物理学中"质量"的意思。

30　参见安东尼·布伦特（Anthony Blunt）所著《意大利艺术理论》（*Artistic Theory in Italy*）。

31　参见 *Casabella* 杂志。

32　关于雕塑等同于体量、画作等同于表面的说法，见艾尔诺·戈德芬格，前引书。

33　参见莫雷蒂，*Spazio* 杂志第 7 期，"作为外壳的空间具有表面这一条件，同时空间自身又生成了表面。"

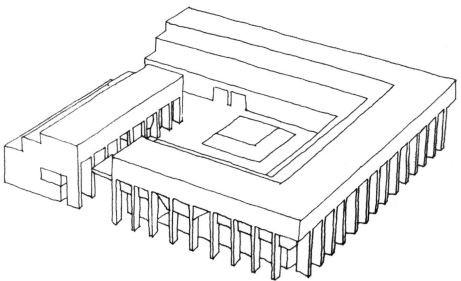

¬19　莱斯利·马丁爵士和科林·圣约翰·威尔逊，凯斯学院
　　宿舍。由中部挖空的实心砖砌"体块"形成的形式。

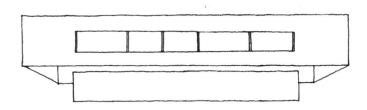

¬20　马塞尔·布劳耶，悬挑住宅。
　　转角处木材的斜接表达了"表面表皮"。

路易吉·莫雷蒂，阿斯特莱亚住宅（Casa Astrea）。

¬21 路易吉·莫雷蒂，"向日葵"住宅。
通过明显的缩进来表达"表面平面"。

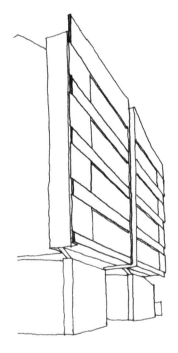

路易吉·莫雷蒂，"向日葵"住宅。

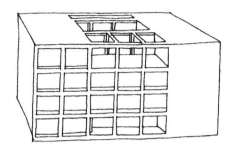

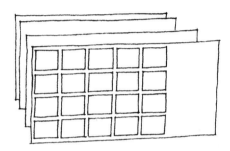

¬22 朱塞佩·特拉尼，法西斯宫。
被削减的实体，或累加的平面。

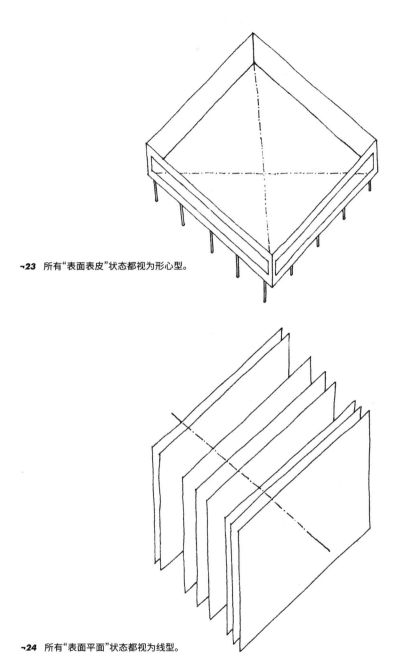

¬23 所有"表面表皮"状态都视为形心型。

¬24 所有"表面平面"状态都视为线型。

我们可能会将所有表面"表皮"的状态归于形心类型，因为表皮的围裹性质意味着它中间容纳着某种中心元素。[23] 另一方面，所有需要以"平面"方式表达的状态都会被看成是线型的，因为它们通常都是由定向矢量演化而来的。[24] 从这个意义上去理解的话，加歇别墅虽然具有立方体体量，但是基于其始自正立面的定向平面式发展，我们可以把它看作"线型"；而萨伏伊别墅因为是被表面"表皮"所围合的，所以可以被视为"形心型"。一座建筑物到底是"体块"、"表面"还是包含两者的辩证体，这正是我们需要明确表述的设计意向；而这一表述必须要能够为所有系统的概念基础提供感知上的清晰说明。体块和表面之间的区别对于复杂的体量系统及其一般性起源的表达与清晰性都尤为重要，我们在有关形式系统的分析里会进一步着重强调。

至此，我们已经论证了，一切具体建筑形式都可以联系到一般先例，而且一般先例的各种属性都不允许主观化地来考虑。一般先例的可理解性是保证具体形式的意向及功能清晰性的先决条件。我们可以从一般形式的基础状态，也就是自身具有内在秩序的形式条件开始，发展出一种形式语言，使其为具体形式在特定建筑情境中的演化赋予秩序。而且，唯有一般属性的绝对性以及决定性本质可以为我们的形式语言提供理性的基础。[34]

34 参见路易吉·莫雷蒂所著《折衷主义与语言的统一》（"Eclettismo e Unità di Linguaggio"，*Spazio* I. July 1950.）："因此，所有的表达行为及欲望在统一的语言中找到了一种图式（schema）、一种基质（matrix）或形式，从而将它们最本质的需求加以展开；过剩的表达、次要的关系则充分自由地视情况而定，这并不会造成对一般秩序的无视。"另见赛维所著《新造型主义建筑的诗学》，第 9 页："然而，尽管句法和语法容易饱受诟病，却很难将其弃之不用。"

3
形式系统的发展方式

CHAPTER THREE

DEVELOPMENT OF
FORMAL SYSTEMS

1　参见布鲁诺·赛维所著《建筑空间论》。

2　杰弗里·斯科特："形式会向外施加其自身的美学特质……如果我们切实地感受到了这些形式所带来的启示，它们就不会因我们在复杂而机械的环境中通过智识所得到的发现而发生改变，这些发现很可能在某些特定情况下与形式的表面信息相矛盾。信息自身是保持不变的。"另见福西永《形式的生命》，第4页："形式的基本内容是关于形式的。"

3　参见杰弗里·斯科特，前引书，第118页："建筑是受若干基本法则限制的物质躯体的集合。"另见阿尔甘，前引书（本书第二章注释27），第11章，关于布鲁内莱斯基，他写道："建筑物是一种工具，我们通过其建造过程中的理性思维，将混沌无垠的现实转变为清晰有序的状态。"

本论文在第一部分中已经提出，任何交流方式的基本前提是，一个想法从作者传达到受众的过程必须具备清晰性和可理解性；因此，我们需要一种能够通过感知的方式来揭示建筑物概念本质的形式秩序。也正是这种形式的秩序，应当被视为一切理性、合理的建筑的必要前提。[1]

可以认为，这种秩序是设计过程中一般形式与具体形式的各自要求所带来的一种复杂的辩证关系。一般状态下的形式为所有具体形式的物质表现形态提供了概念参照，也为该形式的具体秩序提供了基础。概念状态中的形式必须要能够体现其一般条件的要求：我们对这种状态的理解是通过对体量、表面、体块以及动势等固有属性的分析来实现的。

具体状态中的形式为我们对系统化秩序的理解提供了感知方法。我们是通过形状、颜色、材质、尺寸、尺度以及比例等具体形式的属性来阐明这种秩序的。

作为具体形式而实现的建筑物必须具有其一般性"先例"。这一先例与该建筑物的形式性质有关：它是该建筑物的原始状态，也是这一状态的本质。在我们达成任何合理的具体条件之前，我们必须事先将所有形式的这种本质抽象化并加以理解，然后为之赋予秩序。具体状态的秩序来自一般形式，而一般形式本身也有它自己固有的或者隐含的秩序。[2]譬如，从格式塔心理学的角度来说，当我们看到被裁掉一角的正方形时，我们会先将其视为一个正方形，也就是说我们会先看到其一般先例，然后才看到实际的图形。这是因为作为一般形式的正方形对于视觉的感知和理解，是一个更为简洁与绝对的构型。而且，我们必须将这些基本构型视为一切更复杂的形式的参照标准。在建筑情境之中，来自建筑设计任务的众多要求导致我们需要更加复杂的秩序，因而，在某种程度上对于几何绝对标准的参照也就变得更为必要。

设计过程中建筑形式的任何秩序与组织都可以被称为"系统"，更明确地说是"形式系统"。[3]理性的建筑应始终具有系统化的基础；不分风格与时期，建筑师在深化作品的过程中总是会有意识地或不经意地，甚至也许会发自直觉地启用某种系统，而这些系统继而决定了建筑最终的具体形式，并为之赋予了秩序。本文并不认为我们接下来将要讨论的这几位建筑师本人是完全按照我们的方式来分析他们自己的作品的；本文的目的是想通过这种分析的过程，为建筑学形式发展出一套术语，用以作为老师与学生、建筑师与委托人、批评家与公众之间的交流基础。

系统是形式语汇的秩序。[4] 它们为形式语汇的句法和语法提供了操作框架。系统的主要目的是为了清晰阐明任何建筑物的意向及功能，并为之赋予秩序，因此，系统在其发展过程中必定具有为一切交流方式所必需的句法和语法。进而，句法，或者说一套用以控制语法组织方式的基本规则，必须源自一般先例。任何系统中的语法实际上关注的是形式语汇在具体情形下的应用。因此，源自一般形式的形变其实可以被看作一种语法，也就是语汇的具体运用。而支配形变的那些规则就可以被称为系统。每一个这样的系统自身都具有其基本的一般特质，并且会自我生成各自的法则，而我们必须加以领会与遵守。

接下来的讨论仅为建立系统发展的基础，而不是要为形式系统书写词典或者纲要。这一讨论将以一系列基础记号（basic notations）的形式出现；它将提供一种框架，使建筑师的主观思考过程在被理性化的同时又不受到束缚：它将论证秩序的必要性，并提出创造这一秩序的可能方式；这种秩序从而又将为一种更为理性的建筑学提供基础。

建筑师的想象力和直觉在系统与功能之间的微妙交织中共同作用。没有任何决定是武断的。形式元素本身并没有好坏之分，除非是我们将其作为关系网络中的一部分来考虑。我们可以从任何一种复杂功能中发现系统或秩序的创建过程：有人认为建筑物的形式是由具体功能左右的，这种论调是不成立的，因为尽管所有的系统都源自给定的建筑设计任务，但是能够满足条件的系统通常不止一种。假若一栋建筑物不能够全面地与其系统产生共鸣，那么这个系统就是不周详的。[5] 我们应当试图在系统化控制与给定的建筑设计任务和场地所带来的具体要求之间建立起一种关系，并且理解形式系统在设计过程中的应用。

在这一过程中存在着一种复杂的相互关系，一方面是建筑师或者说解读者，另一方面是建筑物，也就是被解读者。从这个意义上讲，建筑师所做的不过是解读建筑物的意向或者说它的形式本质，从而按照该建筑物的一般性要求为其创造

4　乔治·桑塔亚那，前引书："含义的表达有赖于词语的形式和秩序，而不是依靠词语本身，并且没有形式的精确性就没有含义的精确性。"意大利建筑批评家们，如雷纳托·博内利（Renato Bonelli）、卡洛·阿尔甘等，长久以来均在使用语言学中的术语，如"语文学的"（philological）、"语法"、"句法"等，并将它们用于分析建筑物。然而，这些术语的使用相当不严谨，只有阿尔甘识别了明确的系统化发展方式。另外，布鲁诺·赛维在《建筑空间论》第 200 页中写道："风格是设计的语言，或者更准确地说，是设计的语言学。"

5　杰弗里·斯科特，前引书："没有形式性（formality）的建筑会缺乏其言说的句法……形式性能够丰富其自身的主题、阐明其自身的论证。（形式化的）建筑之于'如画'风格，就如同整个音乐艺术之于夏日田野里慵懒的嘤嗡声和依稀萦绕着的低鸣。""形式性是设计的基础。"

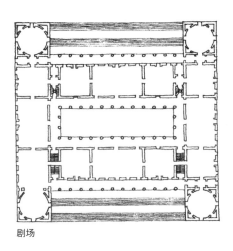

剧场

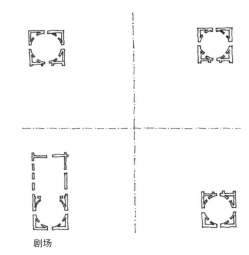

剧场

¬1 迪朗,乡村别墅。
    剧场的双开间功能性组织形式,
    以与其他转角相类似的方式表达。

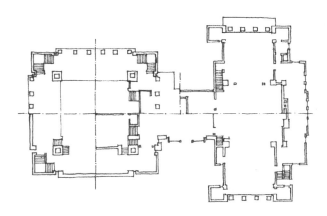

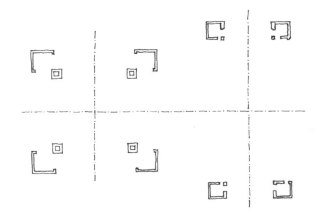

¬2 弗兰克·劳埃德·赖特,联合教堂。
    通过转角的刻画来表达不同的功能。

物质形式。形式系统为这一发展过程赋予秩序，并且透过建筑师将其自始至终地、清晰地展现给受众。因此，我们有必要通过推导来获得这一智识的、抽象的、绝对的思想过程，并将其施加于形式秩序之上。由此产生的具体形式本身并没有孰好孰坏之分，因为它本不应遵循任何关于美丑、风格或品味的主观见解，而是应该表达建筑物的本质：即其形式与功能两方面需求的实现。[6] "形式"一词在这里的意思及应用与许多"布扎"学派的用法存在实质上的不同。那些学究以及他们的解读者们对于形式主义的看法未免管中窥豹；他们只考虑某些关于美丑和风格的概念。对于他们，轴线和对称的建筑构成纯粹是从形式主义的角度来构想的：这是为了追求事物本身的美丑，而不是为了响应具体有机体的本质。这些表述方法在具体情境中表达了建筑的构成方法，却不顾及它们的含义。例如，迪朗（Durand）在其《建筑学简明教程》（Précis des leçons d'architecture）中描绘了许多平面类型，其中若干种类可以用来作为学院派建筑构成中形式主义观念的代表。[7] 在他的乡村别墅（Maison de Campagne）中，平面的四角被清楚地刻画出来，用以反映其形心型特质；就概念上而言，我们需要明确定义形心型参照物的转角，以便将"角"与"边"区分开来。但是仔细观察之后就会发现，迪朗别墅中的那些角几乎全部都是以形式主义为基础的。礼拜堂的具体功能需求导致产生了（平面上一角的）立方体内部的圆柱体，然后这一形式又被复制到了其余的三个角上，分别作为藏书室、剧场和闺阁。正是在剧场中，这种复制的非功能性本质变得尤为明显。剧场的组织形式在功能上需要具有两个开间，但它却像其他三个角上的房间一样仅具有单一开间。之前我们已经提到过，"形式"一词所暗含的意思是，任何建筑都应该从建筑设计任务的要求演化而来，任何建筑表述也都应该源自它的具体需求。赖特设计的联合教堂（Unity Temple）中的"形式"构成就可以说明这一点。[8] 这里对转角的刻画最初表达了建筑平面的形心型一般特性。但是它们并不是出于抽象、主观以及所谓的"形式主义"的原因，而是一种以功能上可运作的有机整体为基础、通过形式来思考的方式。因此，转角的明确刻画表达了迥然不同的功能：垂直流线、礼拜仪式以及座椅存放；各功能的表述之间环环相扣并且化成了一个整体系统。

6　因此，对于保罗·克利（《思考的眼睛》，第 60 页）而言，"形式主义是没有功能的形式。"另见，布鲁诺·赛维的 "形式主义理解"（前引书，第 193 页）。

7　参见迪朗所著《建筑学简明教程》（*Precis des Leçons*. Paris 1802. Vol. II. ）。

8　参见 H.R. 希契科克（H. Russell Hitchcock）所著《遵循材料的本质》（*In the Nature of Materials*. N.Y. 1942. ）。

系统便是从感知和概念两个方面，对于这些表述以及形变的组织和控制。系统最初源自一般形式，而一般形式又来自建筑设计任务的需求。系统使用的语汇是由这种一般形式的固有性质演化而来的。系统通过语法和句法为这一语汇赋予秩序，从而达到使所有组成部分都得到充分强调和利用，并以一种微妙的平衡而存在的最终状态。

形式系统沿袭一般形式的分类方法，具有两大类别：线型和形心型。这两大类别为一切系统赋予了基本秩序：它源自线型和形心型这两种一般形式的内在动力（inherent dynamics）。这一先天本质是任何系统中的一切具体形变所仰仗的绝对参照。因此，所有系统皆以一般形式的属性，即体量、动势、体块及表面为基础。诚然，这些属性为一切系统提供了感知与物质层面的定义，但我们仍须追溯其一般先例方能明确其句法和语法。例如，立方体作为一种一般先例，具有其自身的形式本质：等轴、等边，诸如此类。这就给我们提供了最初的概念性秩序，形式系统的句法和规则从中演变而来。同时，该立方体的一般属性（体量、体块及表面）为这种语汇的发展提供了感知性基础。句法为语汇及语法（即语汇在具体情况下的不同用法）赋予了秩序；它们的具体秩序来自感知和概念这两方面的共同需求。

既然我们已经提出，体量作为一般形式的属性之一是任何建筑表达的基础，那么理所当然地，体量秩序亦会以某种形式出现在所有系统当中，尽管该系统不一定要以之为基础。再者，在体量秩序占主导地位的情形中，该秩序既可以是连续的，也可以是静态的：这两种情况对于形心型或线型均可适用。此外还存在第三种类型的体量秩序，它与连续或静止的秩序皆不相同：它是由一系列体量化平面（volumetric planes）构成的。我们最好是将这一类型放置在它与"体块—表面"系统的关系之中来进行思考。

在连续系统（continuous system）中，动势或流线与体量秩序之间联系紧密，但同时前者又是从属于后者的。由此产生了一种有机体，其中的每一个体量之间、体量与整体之间都通过一系列穿插渗透来保持相互关联；而有机体的绝对参照就是一组隐含的或者实际存在的结构网格，且网格中的墙体与表面均不再需要考虑承重功能。其必然结果就是"自由平面"（free plan），正如柯布西耶"四种构成"

中的第三种所描述的那样，绝对的网格之中包含了具体的体量组织。*³ 但是，当该系统依赖于结构网格作为其参照物的时候，系统中就会出现些许暧昧不清之处，因为具体秩序会试图抗拒网格所提供的体量限定。网格不会清楚刻画出各个不同的体量，因此不会出现区间化（compartmentation）的情况。这些体量不会以独立个体的方式出现，而是会形成一个连续的整体，每一个体量仅仅相对于有机整体而存在。[9] 连续系统与 20 世纪前 25 年中的现代建筑之所以产生了联系，是因为这一系统源自并依赖于"点式支撑"这一新技术；人们对时间与空间之间相互关系的普遍认知更为该系统增添了概念基础。这就是为什么我们会在凡·杜斯伯格（van Doesburg）、凡·埃斯特恩（van Eesteren）和里特费尔德（Rietveld）的风格派（De Stijl）住宅中，以及柯布西耶早期立体主义和纯粹主义的习作中发现连续型体量秩序的例证。在风格派的住宅中，体量系统与属于平面（planar）系统的表面相结合[10]，而在柯布西耶的作品中，体量秩序则涉及一套动势系统[11]。*⁴

在静态系统（static system）中，每一个体量都被表达或阐述为单独的实体。要想达到有机整体的效果，就只能通过连贯的行进：将体量像绳珠一般连成一串。人们在体验建筑物的过程中会不由自主地向前行进，这是由于每一个相继的体量都具有动态性能，它们通过舒张与收缩，时而挤压、时而舒缓，促使人们穿越在整栋建筑物之中。静态系统不像连续系统那样与现代建筑运动有着种种特殊的联系，它不是任何一种风格或套式的演进。帕拉第奥（Palladio）的奇耶里卡提宫（Palazzo Chiericati）[12] 和查尔斯·巴里（Charles Barry）的国会大厦[13] 都能被视为静态系统的实例。*⁵ "清晰的体量表述"或许是对这种类型的秩序最为切合的描述，只可惜这一措辞不足以和"连续系统"这种说法构成一组反命题。

这种具有清晰体量表述的系统由于具有连贯性特质，乍一看来可能会被归于线型组织。然而，路易·康（Louis Kahn）在费城的理查兹医学研究大楼（Richards Medical Building）可以被视为线型静态系统，而相反，保罗·鲁道夫（Paul Rudolph）为耶鲁大学设计的建筑学院大楼方案则可以被称为形心型静态系统。*⁶ 而在阿尔瓦·阿尔托的塔林美术馆（Tallinn Museum）中，其体量系统是静态的、形心型的，然而一开始却是由线型动势发展而来的。

9　参见莫霍利·纳吉所著《从材料到建筑》（*Von Material zu Architecture*. Munich 1929. *The New Vision, Documents of Modern Art: vol. 3*, N.Y. 1949.）："从宇宙空间中那时而看似复杂的、具有限制性的、互相穿插的条带网络上切下一段空间的残片……仿佛空间是可分割的致密物质。因此，现代建筑是建立在与外层空间的相互穿插之上的。"

10　参见布鲁诺·赛维所著《新造型主义建筑的诗学》（*Poetica dell'Architettura Neoplastica*. Milan 1953.）。

11　参见柯布西耶及皮埃尔·让纳雷（Pierre Jeanneret），《全集》，第一卷，1910—1929 年。

12　参见鲁道夫·维特科尔所著《人文主义时代的建筑原理》。

13　参见 H.R. 希契科克所著《建筑：19 世纪与 20 世纪》（*Architecture: Nineteenth and Twentieth Centuries*），以及《英国早期维多利亚式建筑》（*Early Victorian Architecture in Britain*. 2 vols. London 1954.）。

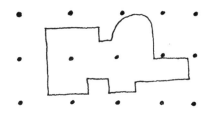
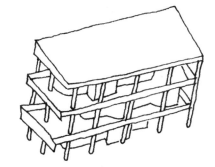

¬3 勒·柯布西耶的第三种"构成"。
    绝对网格之中包含了具体的体量组织。

    由网格定义的体量连续性。

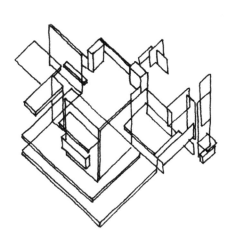
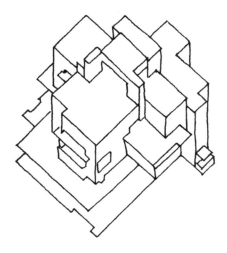

¬4 凡·杜斯伯格、凡·埃斯特恩和里特费尔德,住宅,1922 年。
    由平面定义的体量连续性。

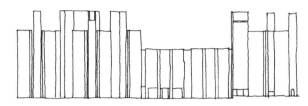

路易·康，理查兹实验室。线型静态系统。

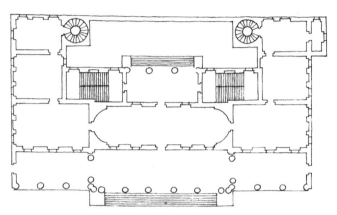

帕拉第奥，奇耶里卡提宫。

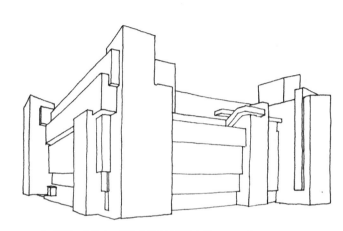

¬6　保罗·鲁道夫，耶鲁大学建筑学院大楼。形心型静态系统。

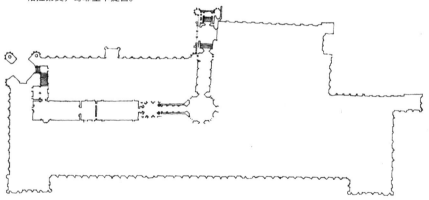

¬5　查尔斯·巴里，国会大厦。

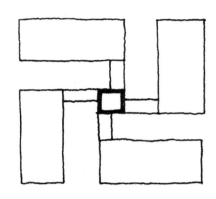

¬7 螺旋型和风车型都能体现中心的存在。

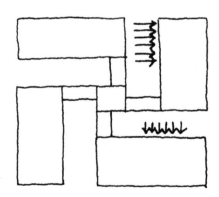
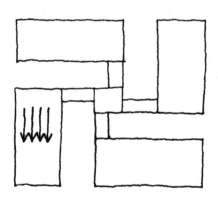

¬8 风车型动势如同风车随气流转动……

¬9 ……或者可以想成，作为重物的风叶受重力牵引而使其转动。

虽然以上两种体量系统均强调内部的组织形式，但我们会在之后关于"体块—表面"系统的讨论中看到，它们也是可以源自外部因素的。连续系统和静态系统实质上是两种基本类别，不论所选用的具体系统的本质为何，这两种类别均可适用。因此，这二者在任何特定情况下都是隐含的参照。它们直接以整体的有序环境为参照，这是因为这一状态的基础正是来自体量秩序。

我们可以识别的动势系统类型有三种：风车型、螺旋型和梯级型；前两者基本上源自内部的形心型要求。考虑到一切动势在某种程度上都是一种线型表达，我们有理由质疑任何形心型参照的可能性，但事实上，螺旋型和风车型这二者都能体现"中心"。[7]

风车型之所以可以被归类为一种动势系统，是因为其整体组织形式在概念上看来是在不停运转的。它并不由动势的模式而生成，而是诞生自一种由三部分或四部分组成、源自某个明确中心的体量秩序。正是这种体量秩序，而不是内部动势，使我们得以感知这一类系统。在以下两种情况中，系统可以被看作是在不停运动的。首先，可以将风车型比喻为一架风车；其动势方向可以被认为与风车臂杆和风叶受到气流引导时的转动方向相一致。[8] 其次，风车型中的风叶可以被视为一种重物，这些重物受到重力牵引而对臂杆做功，从而产生动势。[9]

螺旋型作为动势系统的一种，其特征是绕固定中心渐进，不论这一动势是始于中央还是外围的：只要保证其基本的特性是具有一个中心点，并绕这一点渐进。可能的螺旋系统有三种：第一种，入口位于中央位置，螺旋的终结受外部影响；第二种与第一种的情况相反，螺旋的起点处于外围；而第三种，螺旋的起点和终点既不在外部也不在中央。第一种情况中的动势是向心的，例如柯布西耶 1939 年的博物馆项目 [10]；第二种情况中的动势是离心的，例如赖特的古根海姆美术馆（Guggenheim Museum）[11]；而在第三种情况中，动势方向并不是系统秩序的关键因素。柯布西耶的萨伏伊别墅可以算作是后者的一个实例。[12] 所有情况中的螺旋型既可以像柯布西耶的博物馆那样均匀生长，也可以像赖特的古根海姆美术馆那样如同蜗牛壳一般渐进生长。

梯级型基本上是一种线型组织，在某些情况下也可以演化成形心型。它可以

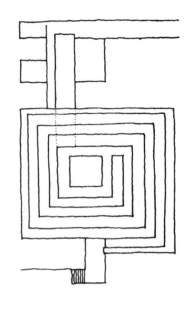

¬10 柯布西耶，博物馆项目，1939 年。
离心［原文如此，应为"向心"］动势。

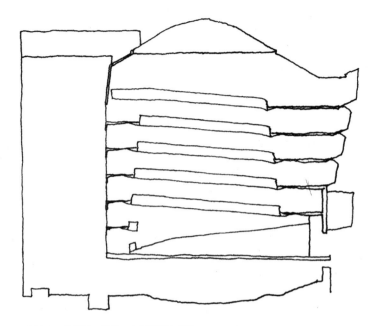

¬11 弗兰克·劳埃德·赖特，古根海姆美术馆。
向心［原文如此，应为"离心"］动势。

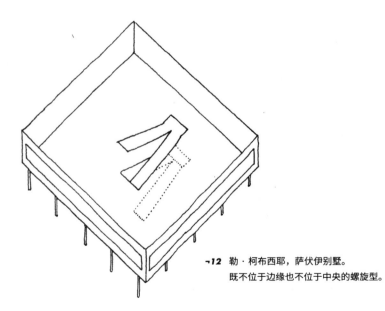

¬12 勒·柯布西耶，萨伏伊别墅。
既不位于边缘也不位于中央的螺旋型。

是体量组织与动势组织的结合，但在概念上最初还是基于动势的渐进。这种渐进通常涉及某种线型主干，如同脊椎上生出的肋骨；不同的是，梯级型在感知层面的定义仰仗于一种连续的、规则的、定向的秩序。[13] 它可以单独存在，也可以结合其他系统化发展方式存在。在阿尔托的塔林美术馆项目中，梯级型就是处于中心螺旋型主导地位之下的次级系统 [14]；而在他于 1946 年设计的芬兰浴场中，梯级型则成为体量化平面式线型系统中的一部分 [15]。在这两个案例中，梯级型的具体形式均是一般性参照的具体形变所带来的结果，并且在我们为这些形变赋予秩序的过程中得以显现。

大多数动势系统实际上都是这几种基本类型的变体。我们需要通过建筑师采用的具体语法才能了解这些复杂的有机体。

这里需要再次强调，螺旋型、风车型和梯级型的具体的系统化发展方式，源自我们为一般绝对标准的形变赋予秩序的过程。不同情况下的具体语法应用取决于特定建筑设计任务的需求。因此，我们不可能也不需要一一列举这些系统中每一个可能的应用方式：这里罗列出来的例子仅仅是为了演示它们在设计过程中的运用方式。

我们可以在柯布西耶的"四种构成"中看到"体块—表面"这组辩证关系的最初定义：第一种构成可以被看作"体块"[16]；第二种视具体情况而定，既可以是"体块"又可以是"表面" [17]；第三种是以绝对网格为参照的具体"体块" [18]；第四种则是辩证状态的完美例证，因为它表现的是经典的"图—底"模糊性 [19]——它既可以被解读为"体块"，或被消蚀的实体，又可以被视为"表面"，即一栋由若干"层"或"面"（planes）叠加而来的建筑物。

通常是在外部需求与内部需求相冲突的时候，我们选择启用包含"体块—表面"辩证关系的系统。这种系统往往在这些场合下起主导作用。在法西斯宫中，正是内部与外部矛盾的调和为这一辩证关系的表达赋予了形式；"体块"表现了一般内部状态，而"表面"表现了外力对该状态产生的"形变"。[20] 但是，单纯地将建筑物辨识为"体块"或"表面"并不能说明其操作系统就是源自这一语汇。更何况，"体块—表面"系统并不总是以辩证的形式出现。当它们被单独使用时，

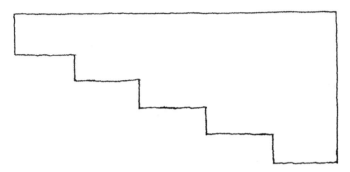

¬13 梯级型：始于线型主干的连续而规则的秩序。

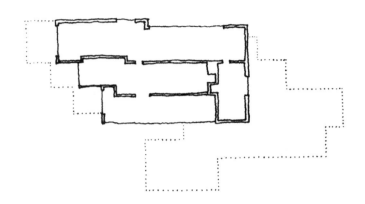

¬15 阿尔瓦·阿尔托，芬兰浴场。

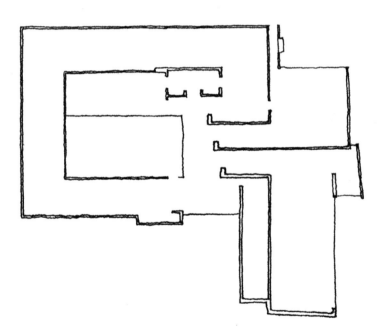

¬14 阿尔瓦·阿尔托，塔林美术馆。
主导螺旋型中包含次级梯级型。

勒·柯布西耶的"四种构成"

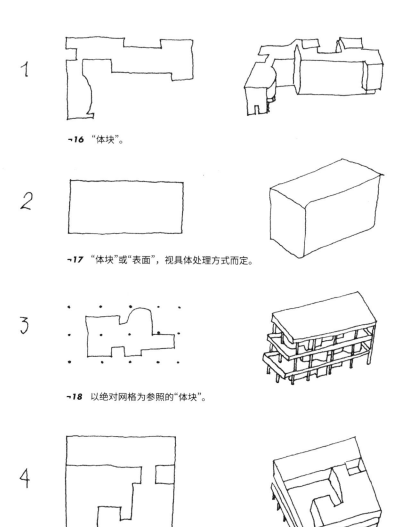

1

¬16 "体块"。

2

¬17 "体块"或"表面",视具体处理方式而定。

3

¬18 以绝对网格为参照的"体块"。

4

¬19 "图—底"模糊性。

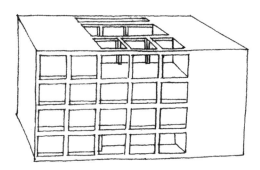

¬20 朱塞佩·特拉尼,法西斯宫。
"体块—表面"的辩证关系:"体块"——
一般内部状态;

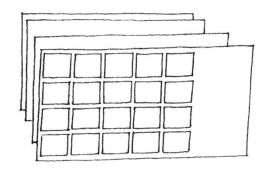

"表面"——外力所导致的内部状态的形变。

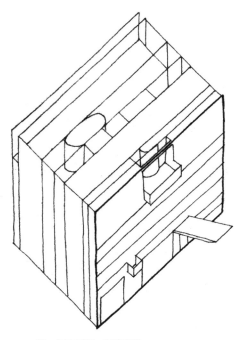

¬21 勒·柯布西耶，加歇别墅。
垂直的体量化平面受到来自主导立面的张拉。

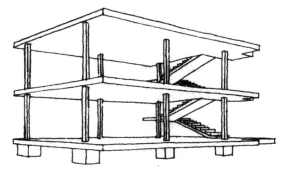

¬22 勒·柯布西耶，多米诺住宅。
水平的体量化平面。

¬23 勒·柯布西耶，休丹别墅。
体量化方格。

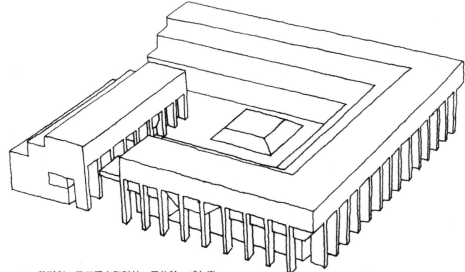

¬24 莱斯利·马丁爵士和科林·圣约翰·威尔逊，
凯斯学院宿舍。被削减的一般实心"体块"。

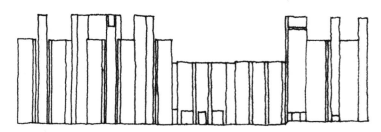

¬25 路易·康，理查兹实验室。
并置的"体块"。

譬如说作为表面系统使用时，它们通常会限定体量组织或为其赋予秩序。我们能够识别的、基于表面秩序的体量系统有三种类型；它们的基本特征是，其体量秩序需要参照某种表面或若干并置的表面。第一种，是一系列受到垂直参照张拉的体量化平面，例如柯布西耶的加歇别墅 [21]，一系列最初由正立面所限定的体量化平面为其建筑构成赋予了秩序；第二种，一系列水平的体量化平面，即通常受到地面或顶板平面张拉的水平表面：其原型是多米诺住宅 [22]；第三种"体块—表面"系统类型是体量化方格，其秩序来源于两个邻近的表面，即并置的水平面和垂直面。柯布西耶的休丹别墅（Villa Shodhan）综合了多米诺住宅和加歇别墅的原理，从而创造了最终的方格 [23]。位于东北的入口立面在住宅主体中得到表达，触发了垂直秩序；而西立面上的水平玻璃受到"悬浮"的顶板表面的张拉，清楚地表现了立面的水平效果。

根据定义，体块系统必须是内部体量秩序的外部体现，并且通常出现在砖和混凝土被用来承重的情况中。它们往往会让人想象到被侵蚀或削减的一般性实心体，正如莱斯利·马丁爵士和科林·圣约翰·威尔逊设计的凯斯学院宿舍 [24]。但同时，体块系统也可以被用于表达一系列亭台或者金字塔、梯级塔一类的实心几何体。这里的体块并不是消蚀的结果，而是在其"几何"状态下的并置，从而为外在系统赋予秩序；路易·康的理查兹医学研究大楼就是一个例子 [25]。

我们在此仅仅是将这些系统作了扼要的展示，并没有试图去联系其具体句法和语法对它们加以深入分析，因为在下一章里，我们将会在实际案例的具体语境之下对它们进行更好的探讨。但在那之前，我们还须先对所有系统中都存在的句法上的主要问题稍作概述。

所谓句法，就是源自建筑物及其周围环境等一般条件的一套规则。我们将其用于调解和澄清具体形式的状态。要使任何一种系统化组织得以实现，我们就必须用到句法来澄清体量、体块、表面及动势等语汇并为它们赋予秩序。

句法需求主要来自线型和形心型等一般条件，有的句法需求对于两种情况均适用。这种需求包括，例如，将某一系统体现为具有起始、中部、末端的完整实体。因此，一个线型楼体不能止于其功能上的需求，其终止应在形式上得到表

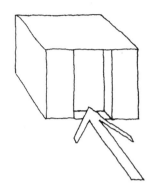
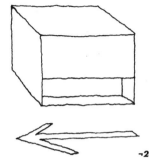

¬26 与一般状态平行或垂直的轴线会分别
     使它产生不同的形变。

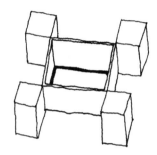

¬27 形心型句法：中心的体现；绝对水平
     面的体现；以某种方式对转角的表述。

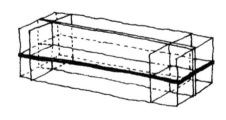

¬28 线型句法：形式的线型本质；主导轴线及主导参照面
     的表达；末端的表述。

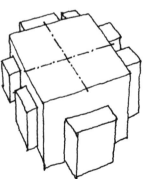

¬29 内部矛盾导致形变：一般状态中的形心型剧场可能因
     为具体状态而发生形变，从而产生线型形式。

达，证明它是有目的地作为整体系统的一部分而终结的。同样，一栋建筑物的入口不应仅仅停留于表现内外的过渡，更应该为整栋建筑物中的动势系统确立其开端。另一个重要的句法需求是，外力对于一般内部状态的修改。因此，一个处于一般状态中的内部形心型组织形式最初显示其四边相等，当它与一条外部动势轴线成直角相遇时，这一外部轴线的影响必将体现于最终的具体形式之上。与建筑物成直角相交的轴线所施加的压力对于一般状态所产生的形变，必然与一条和建筑物平行的轴线所产生的效果有本质上的不同。¬**26** 由此产生的系统必须对一般状态的形变及其秩序有所体现。某些特定的句法需求只适用于形心型一般形式。它们包括：对中心及其本质的体现；当中心是中庭等负体量的时候，对水平性质的体现；对四角的表述。¬**27** 针对线型一般形式，句法要体现该形式的线型本质：对主导轴线的表达；沿该轴线渐进的方式；对垂直或水平的纵向参照面的体现；对末端的表述。¬**28**

在一般形式的上述两种类型中，有可能会出现某种内部矛盾，导致与前文所描述的形变相类似的结果。因此，一个最初是形心型组织的剧场，有可能会因为中央大厅相对于舞台及其他辅助设施所需的尺寸和形状等具体需求，而发生形变并导致产生线型主导矢量。¬**29**

以上讨论仅仅明确了句法需求的基本要点。但是，我们仍需要进一步探究内部与外部矢量，或"力线"（lines of forces）之间不同组合所产生的形变，以便阐明句法在具体场合中的运用。这些内部条件的意义从最初就应当被限定和强化。

所有内部一般条件最初都是由功能布置发展而来的：它们来自体量或动势组织所固有的动态矢量。形心型内部矢量发展自中央垂直动势，或螺旋型、风车型一类的流线模式。这些矢量以体量的形式发源自某种主导中央组织形式，其中以中庭或中厅最为常见，或者是源自体量和动势之间的相互关系，例如在柯布西耶的博物馆项目中，这二者结合产生了一种形心型参照。

内部线型条件最初发展自建筑设计任务的组织形式，这种组织形式不需要突显各功能之间的主次关系，而是对所有功能的比重大致上一视同仁，且这些功能之间本身不需要具有任何特殊的相互关联，就像办公楼或公寓楼一样。梯级型

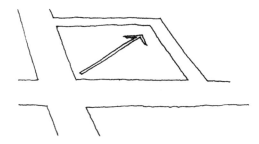

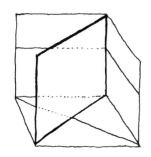

¬**30** 对角条件：两条主导边……

……或者转角场地。

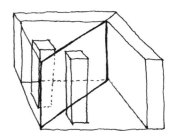

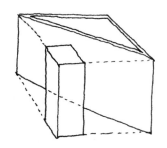

¬**31** 如果对角线得到体现，就会形成对称……

¬**32** ……进而需要在弱对角线上施加平衡。

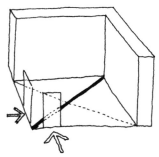

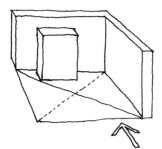

¬**33** 强对角线两侧的入口形成对称。

¬**34** 涉及弱轴线时的平衡。

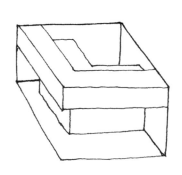

¬**35** 最终产生的"L"形内部组织形式，
可能导致功能上的形变。

可以同时作为线型体量系统或者线型动势系统的例子。在阿尔托于1946年设计的芬兰浴场中，线型体量梯级型就表现为主导控制方式，并辅以螺旋型动势系统。而在他1934年设计的塔林美术馆项目中，线型动势梯级型为整体系统提供了次级秩序。然而，有的建筑物在一般层面并没有明显偏向于形心型或者线型组织形式。在这种情况中，内部组织形式很容易因外部条件而发生形变；必须强调，内部组织形式在任何情况下，都是受制于外力的。

外部形心型矢量的发展取决于特定场地中的动势。如果场地的四周同等可及，那么该场地可以被视为形心型。这一情形立即体现了某种内部双轴线对称状态，且互相正交的两条轴线的权重相等；因为这一情况的本质显而易见，所以此处不再赘述。我们只需要意识到，当内部条件同外部条件一样，也需要形心形式的时候，主要的句法需求可能会是如何将四周可及的状况转化为单一入口的情况。

如果在一个形心型场地内，两条邻边上的动势占主导地位（即转角情形），或者一个场地由四条街道围合，而其中两条邻近街道较为特殊和重要，那么，该场地保持形心型，不过外部矢量将侧重对角线 ¬**30**。针对此类条件，系统可以有两种不同的发展途径：它既可以体现对角轴线的存在，也可以将其中和。如果该系统选择体现对角轴线的存在，那么由此产生的形式将会关于这条轴线对称 ¬**31**；同时，弱轴线上必须增添相应元素，以便恢复平衡及抵消两邻边受压所导致的扰动 ¬**32**。此外，入口更是一大难题。如果进入方式受到强对角轴线的影响，那么就需要成对称排列的双入口 ¬**33**。相反，如果进入方式是以某种形式响应弱对角轴线的，那么为了维持平衡状态，我们在相反方向也将需要相似的矢量 ¬**34**。这两种解决方式本身均存在缺点，即内部需求之间可能发生矛盾。当我们只需要一个入口的时候，双入口就是多余的，而如果单一入口不能与弱对角轴线构成关系，那么它又会成为一种功能上的"形变"。再者，因对角轴线所形成的"L"形内部组织形式可能从根本上构成对内部需求的抗拒 ¬**35**。

还有一种可能的情况是，系统本身抗拒对角线，却对它的存在保持默认。针对这些情况，我们有两种基本解决方案：其一是动势系统，其二是体量系统。

第一种解决方案可以是螺旋型，其特殊的运动方式决定了它既不需要表达

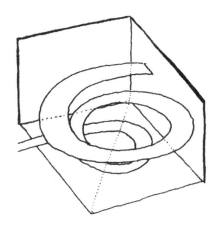

¬36 螺旋型系统可以被用于对角条件，因为它的组织形式
确实体现了对角线的存在。

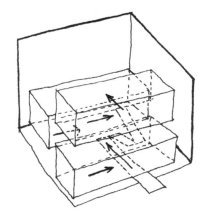

¬37 体量和动势之间的平衡，二者分别与不同的边构成关系。

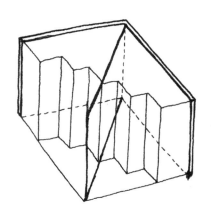

¬38 梯级型系统会被对角线破坏。

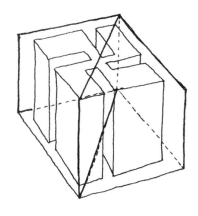

¬39 风车型意味着四边相等。

也不需要抑制对角轴线 ⌐³⁶。但是，该系统仍必须体现对场地的清晰表述，即必须承认对角关系是存在的。这就需要该系统融合两种形变：首先，将双入口转化为单一入口；其次，根据场地的主导方向，向螺旋型一侧施压。

古根海姆美术馆就是位于转角场地上的形心螺旋型的实例，该场地造就了一种对角关系，尽管两条邻边所受压力并不相等。此处，螺旋型动势从外部开始，再由上至下向一条主导中轴推进。如何进入这种类型的系统显然是一大难题，因为如果在外围设置一道单一入口，其位置和解决方式都将显得武断，使得从街道过渡到垂直流线的整体动势系统显得生硬不堪。形心型系统的入口问题一直是至关重要的，因为这种系统似乎从根本上与形心型外部条件相冲突，且要求将多入口的情况转化为单一入口，以便表达螺旋型的起点。

另外一种解决方案则是基于体量秩序的；这就牵涉到如何张拉一系列体量化平面以及如何将其与形心型场地的受压一侧构成关联。除非这种张拉得到充分表达，该系统就有可能演变成十字型或者体量化方格，而这将无法突显两条主导邻边的重要性。为了解决这一问题，我们可以使某些体量与其中一条边构成关系，而将某种其他秩序的体量或某种次级动势系统与另一条边构成关系，从而重新建立平衡 ⌐³⁷。此外，这种动势与体量组织之间所达成的平衡可以解决单一入口的难题，最终构成一种二元并存的混合系统。这种系统中的重要句法需求之一就是要体现不同系统之间的结合，以及这种结合所产生的压迫力。

值得我们注意的是，其他两种主要的动势系统——梯级型和风车型——并不适用于上述情况。梯级型在本质上其实是具有延绵的韵律感的线型发展方式，从它中央径直穿过的对角矢量定会破坏其形式完整性 ⌐³⁸。风车型在本质上则意味着，即便它没有同时具备三种或四种进入方式，它也需拥有三条或四条等边，而这也从根本上与对角状态相冲突 ⌐³⁹。这并不是说这两种系统完全不能用于上述情况，特别是当我们针对内部组织形式已没有其他选择的时候。但是，任何此类形式发展在某种程度上都是有悖常情和矫揉造作的，而系统也难免需要体现出这种"翻转式的"形变。

如果场地的两条对边阻碍了动势，那么入口矢量也就立刻变得明显，从而产

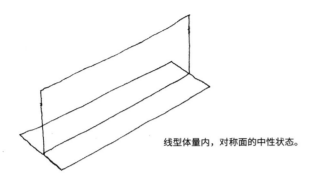

线型体量内，对称面的中性状态。

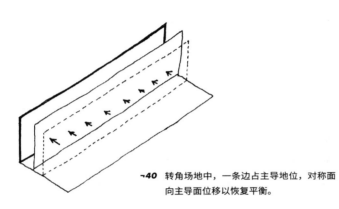

¬40 转角场地中，一条边占主导地位，对称面
　　 向主导面位移以恢复平衡。

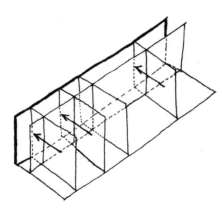

¬41 所有垂直面和正交面都被这一主导面影响。

生一种线型外部条件，即使地形本身可能是正方形，并在感知上暗示着一种形心型状态。任何施加于场地之上的主导正交轴线都将导致形成外部线型条件，不论场地形状为何。有若干因素可以引发这种结果。首先，邻近的正体量之间有可能形成某种组合，从而示意某种强线型轴线的存在。若一条主要交通路线沿具体场地平行经过，或在该场地中终止，则会产生另外一条主导轴线；这条轴线可以被视为并置于给定场地的负体量。应当记住，在任何线型外部条件中只存在一条主导轴线，无论它是与场地并置，还是与场地结合。我们需要留意，由于正交轴线的强势地位，线型场地中少有对角线成为主导。然而阿尔托的珊纳特赛罗市政中心设计（Säynätsalo Scheme）却是一个特例，联系它的中庭来看，线型场地上"正元素"之间的并置就产生了一条强对角轴线。

在形心型情况的例子中，线型外部体量的一边或数边有可能会受到压力或成为主导边；例如，三边可及的转角场地中，剩余的一边将获得主导地位。在这种情况中，对称面可能会从其最初中性的中央位置发生位移，使以恢复力的动态平衡 ⁻⁴⁰。这一位移是由来自主导面的吸引和张拉所导致的。这种张拉一方面制造了一个处于平衡状态的较大体量，另一方面，在主导面的那一边通过移动对称轴制造了较小的体量，从而重建了关于新对称轴的平衡状态。我们还可以假定，所有的垂直面，不论是纵向的还是横向的，都会以类似的方式受到主导参照面的影响 ⁻⁴¹，且由于这一参照面的吸引而处于张拉状态。任何系统化发展方式都必须从内部体现外部的一般状态（中性轴线）以及具体矢量对该状态所产生的形变（中性轴线的位移）。在这种场合下，我们可以得到这样一种体量系统，它是一系列与长轴平行或垂直、且受到受压表面张拉的垂直面。

很多情况中的内部条件和外部条件可能互相矛盾，我们必须在具体的系统化发展方式中将这种矛盾加以调和与体现。显然，一旦发生这种矛盾，所有形变都会反映在内部条件之中。我们必须通过句法来澄清任何具体情况中所牵涉到的形心型和线型的相互关系，即便它们之间不存在矛盾。

一开始我们可以通过一系列涉及形心型和线型形式的抽象情况来描述这种句法。在这种抽象情况的假想中，我们对功能及内容均不予考虑，尽管二者在现

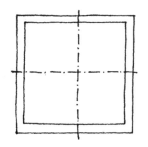

¬42 立方体内的立方体。

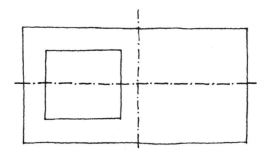

¬43 场地体量发生形变；通过立方体的放置来体现这一形变。

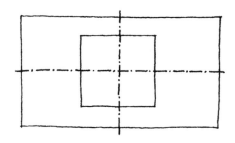

¬44 进一步的形变使得立方体回到中央位置，向次轴线加压。

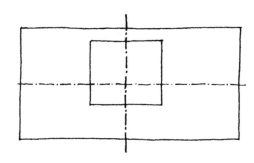

¬45 通过将立方体推离主轴线，次轴线得到强化。

实情况中是系统发展的初始考虑因素。

现在假设存在一个单一立方体（其本身为形心形式），若我们需为其寻得一块最为简洁和经济的场地（ground），那么，这块场地将是恰好包裹住该立方体的另一个立方体[42]。二者之间确切的比例关系将由具体情况决定。如果场地体量发生形变而产生某种线型外部条件，那么，最初的那个立方体就必须改变位置，以反映这一形变和场地体量的矩形性质[43]。这就意味着我们需要将立方体放置在矩形场地体量的一端，以体现线型矢量所施的力。或者，也可以通过进一步的形变来体现这一矩形场地，这种形变并不体现［场地的］线型性质，但使得初始图形（figure）在两条轴线上同时恢复中性状态[44]。这一做法很可能会强化较短的横向轴线，使之相对于较长的线型轴线变得更为显要。其结果是一种形变的或翻转式的解读：上述线型场地图形的形式本质现在将被视为一个具有两条主导轴线的线型图形。更为极端的情况是，如果立方体量偏离了线型轴线，而仅仅保持处于横向轴线之上，那么该横向轴线相对于原来的线型轴线将获得更多的主导地位[45]。只有当我们在一个系统中，将所有相似的情况都视同一律，那么这些形变才足以有效体现初始一般状态。类似的例子包括，将线型图形放置在形心型场地中，由此产生一系列新的"翻转式的"形变。事实上如前文所示，这种"矫揉的"（mannered）系统并不少见。

最主要的形变类别来源于外部形心型矢量与内部需求之间的矛盾的调和。在这些情形中，由外至内的过渡或切入尤为重要。根据不同的具体情况，这种切入亦需要依靠不同的句法，正是这种句法对于任何系统的初始发展都至关重要，所以必须加以强化。在线型轴线与场地平行的情况中，来自内部的形心型或线型需求均不具备可使外部轴线发生偏转或停止的具体途径，因而无法创造进入建筑物的入口；形心型和线型这两种内部需求都具有它们各自的具体句法。前者的句法所支配的是，如何拦截和偏转外部轴线，并使内部状态发生形变以体现进入形心型一般形式的单一入口。后者中的两条线型轴线都必须得以停止并发生偏转，由此产生的结合必须要能够被归纳为整体动势系统的一部分。

柯布西耶1939年设计的博物馆以及特拉尼设计的圣伊利亚幼儿园（Asilo

Infantile Sant'Elia）这两个项目，可以作为形心型内部状态平行于线型外部矢量的例子。在这两个案例中，线型轴线被以某种方式拦截，从而解决了如何通过单一入口进入形心型建筑物这一问题。在第一个例子中，柯布西耶在场地中使用了一条线型轴线，使之与外部轴线成直角相交。同时，他通过使用一个螺旋型动势系统作为该外部轴线的终结，在这条轴线终止的地方创造了进入建筑物的入口。此处的动势是形心型的，它带来了两个内在难题：我们必须以某种方式控制这种向外的动势，以便终结这一系统；螺旋型本身需要被抬高，为中央入口留出位置。无论外部条件如何，这种类型的解决方案似乎还是可取的，因为线型和形心型外部矢量都能在抬高螺旋型的过程中得到调和。柯布西耶在语法层面的具体解决方案是，通过底层架空来抬高整个博物馆，使得线型轴线能够从中穿过，直达中央。向外的动势其实是一个连续均匀的螺旋型，它是通过辅助楼梯得以终结的。

特拉尼在圣伊利亚幼儿园项目中使用的系统是基于一系列体量化平面的，它们与平行于线型轴线的受压状态下的入口表面构成垂直关系。这些体量化平面由一个栓状入口紧锁在一起，这一入口暗示了对外部矢量的截断。在这种情况下，受压表面体现了形心型一般形式中的形变，且充当了整个系统化发展方式的主要参照。柯布西耶的救世军庇护所（The Salvation Army Hostel / Cité de Refuge）则是与线型轴线平行的线型建筑物的例子。"套接亭体"（en-suite pavilion）[14]的精巧发展满足了截断平行轴线的需求，从而解决了入口的句法问题。当单一外部轴线终结于场地内部的时候，句法负责控制外部矢量的必要弱化，并同时负责解决如何通过单一入口进入形心型或线型内部状态的问题。这一单一入口问题可以启动所需系统，并同时限制所用系统的数量。

科莫的法西斯宫就是这种情况的实例。这里的形心型内部需求造就了外部线型轴线的终结，导致生成具体形式的形变体现了两项句法需求：如何终结线型轴线，以及如何掌控通入一般形心形式的单一入口。在瑞士学生会馆（Pavillon Suisse）项目中，建筑物本身为线型，它在一开始便弱化了外部矢量。其后，外部轴线的这种偏转与内部动势相接合，产生了一个整体的螺旋型系统，这种方法同样解决了如何通过单一入口进入线型建筑物的问题。在某些情况中，内部条件使外部轴

14 译注：短语 "en-suite pavilion" 在本书中特指一连串相互关联的独立体量。"en-suite"本义为"成序列的"、"连续的"，此处译为"套接"；"pavilion"本义为 "亭、阁"，此处译为 "亭体"。

线发生偏转，那么，该系统必须以某种形式获得修正并发生形变，从而使单一入口成为可能。柯布西耶就很好地示范了这种修正。他在这个项目中使用风车型作为一个次级系统，体现了对转角状态的把控。他通过将风车型的第四边——即礼拜堂——分离开来，使得风车型的旋转运动戛然而止。而且，建筑立面亦反映了这种运动的终止，从而强化了这一效果。当系统无法停止的时候，单一入口也就难以实现，如剑桥大学丘吉尔学院的研究生住房。在这个项目中，旋转运动好像失控一般脱离中心、向外甩出，以致入口基本无法成立。

本章试图说明句法和系统发展之间的关系，而无意繁复罗列各种句法需求，或者完整汇集所有源自句法的系统化回应。相反，它是为了证明，系统发展必须同时基于外部情况和内部功能需求；而这些需求所暗含的一般条件亦具有其自身的句法，正是这种句法掌管了整体的具体组织形式。文中所列举的案例仅仅展现了某些可能的系统初始发展方式，我们可视其为引子，后文将进行更深入的分析。

4
形式系统的分析

CHAPTER FOUR
ANALYSES OF FORMAL SYSTEMS

瑞士学生会馆 | 法国巴黎 | 勒 · 柯布西耶
巴黎救世军庇护所 | 法国巴黎 | 勒 · 柯布西耶
马丁住宅 | 美国纽约州水牛城 | 弗兰克 · 劳埃德 · 赖特
库恩利住宅 | 美国伊利诺伊州河滨镇 | 弗兰克 · 劳埃德 · 赖特
市政中心 | 芬兰珊纳特赛罗 | 阿尔瓦 · 阿尔托
塔林美术馆 | 爱沙尼亚塔林 | 阿尔瓦 · 阿尔托
法西斯宫 | 意大利科莫 | 朱塞佩 · 特拉尼
圣伊利亚幼儿园 | 意大利科莫 | 朱塞佩 · 特拉尼

在提出任何一种理论的时候，我们必须为其论证中所含的假设提供经验证据。因此，为了检验这些假设，本章将研究八个建筑案例，前文中所提及的四位建筑师每人各有两例。本文无意在此分析每位建筑师特有的方法和风格，亦不试图证实他们自身方法的有效性，而是希望验证本书前面几章中所提出的方法。

之所以选择这几个特定的建筑，是基于一般和具体两个层面的原因。一般意义上，它们可以被视为公认的"大师"作品，代表了现代主义传统中对立而多元的各个风格。我们将看到，无论风格与具体形式为何，这些建筑的有效性均源自某种概念基础；在每一个案例中，这种基础的秩序皆由某种系统所制定，而我们必须要能够对这种系统加以提炼和分析。此外，这些建筑之所以入选，还因为它们各自满足了某种需要句法来解答的特定条件。因此，每位建筑师的两件作品同属于某种相似的一般类型：线型或形心型。在任一案例中，由外部条件所呈现出的轴线或者与内部发展状态相平行，或者与之相垂直，进而让我们得以分析具体形式在相似或相对照的条件下将如何演化；此处的考量在于，就一般形式而言，相互类似的各个建筑设计任务需求在受到不同建筑师的具体语法的作用时，能为我们提供用以分析特定的系统化回应方式的契机。这些分析将不会涉及感知层面的问题，如颜色、比例、材质等；我们将仅尝试考虑各个例子中形式表现的概念基础。

前几章已经写到，柯布西耶的诸多作品已经将形式语言的概念基础勾勒出来，因而，要对这一语言加以记录，我们就不妨从思考他的两个建筑开始。这些分析并非试图通过柯布西耶的作品来验证他自己的文字，而是为形式语言在某一建筑语境下的具体应用提供经验佐证。这些分析将考量：所调用的具体形式的概念基础、建筑语汇的语法执行、句法要求的体现，以及由上述各项综合而成的系统化秩序。

之所以选择这两座建筑，是为了阐明柯布西耶施加于其建筑语法之上的秩序。具体情况各有不同，而这些差异进而使得其系统化发展方式得以明晰。从这两个例子中均可以看出，柯布西耶发展了一套二分式系统，对动势和体量各自的秩序分别加以表达。这两种组织方式被综合起来得以发展，且无意呈现某种内外冲突的辩证状况。入选的这两个建筑作品都属于源自内部体量组织的线型发展。在每个案例中，动势系统与体量秩序同等重要，它们的发展均基于内外过渡这个一般句法要求以及"如何由单一入口进入线型组织"这个问题中的具体句法。

各案例中的内部状态都是线型的。在瑞士学生会馆中，外部轴线垂直于内部轴线；而在巴黎救世军庇护所中，它们则是平行的。这个差异分别形成了动势组织和体量组织的语法及句法，并交织形成了一个复合的二分式系统，为各建筑的具体形式赋予了秩序。这些形式的确是对整个系统的概念基础——即它的一般状态——的精准诠释和展现。另外，这些形式是具体的，且非任意的、图绘（pictorial）的，因为它们受到整体秩序的严格控制；它们在感知层面证明了其概念基础的清晰性。系统化控制须基于两个基本假设：第一，存在一种空间网格坐标的限定，使建筑各部分与主导参照面产生张力，并使正面元素（frontals）和正交元素（orthogonals）得到区分；第二，一般状态的轴线要能够对具体体量加以关联和控制。

勒·柯布西耶
LE CORBUSIER

瑞士学生会馆

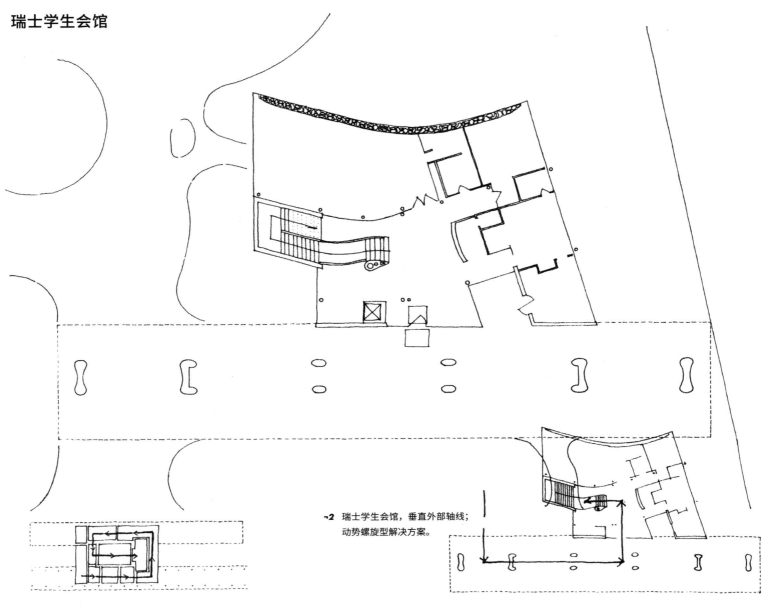

¬2 瑞士学生会馆，垂直外部轴线；
动势螺旋型解决方案。

¬1 内穆尔殖民公寓，平行外部轴线；
体量螺旋型解决方案。

一般状态（这里可以解读为一个矩形体块）的最初形变源自矩形体量的单一入口所受的句法控制。最终形成的一系列形变，是为动势和体量赋予秩序的系统化过程的一部分。此外，对这个二分式系统的理解，不仅有赖于参考面的确定，还有赖于分辨出各部分相对于一般状态的位移。动势系统所规定的，包括进入建筑的外部轴线，以及建筑的实际入口。本案例中，一般状态的形变由体量系统控制，这一点是从"体块—表面"的辩证关系中得以体现的，主导表面（dominant surface）正是在这对辩证关系中得以确定。

在概念层面上，可以认为这个建筑作品是萨伏伊别墅的螺旋形心（spiral centroidal）系统和加歇别墅的线型表面发展系统的杂交产物。在瑞士学生会馆，主导的感知参照是由线型体量提供的，而主导的概念参照则是由螺旋型或半风车型提供。事实上，瑞士学生会馆和内穆尔殖民公寓（Immeuble de Colonisation à Nemours）可以形成一个有趣的对比。[1] 在内穆尔殖民公寓，外部轴线与内部轴线平行而非垂直。这导致了一种完全不同的概念层面的解读。在瑞士学生会馆，动势系统是外部轴线合乎逻辑的延伸，可认为是沿着轴线旋转并将其锚固。而内穆尔殖民公寓则不然，因为在概念层面上，外部轴线无法把一个螺旋动势置入与外部轴线相平行的体块。[2]

这样，内穆尔殖民公寓的这一螺旋型或风车型的体量系统必定是次要的，锚固在两平行轴线之间；这一动势系统的发展化解了单一入口进入线型要素的难题。[1] 在瑞士学生会馆，螺旋系统是与内部主轴线垂直的外部矢量的延伸，因而必须将外部轴线钝化、转动，才能生成入口。[2] 这一转动触发了旋转动势，在随后的一系列转动中，旋转动势逐步受到向心方向的约束和压制，直到通向上层楼层为止。

建筑需从后方进入，这样一来，外部矢量需要被扭转两次才能生成入口。[3] 这一点在一定程度上是通过使建筑的纵向部分横切外部轴线而实现的，以此达成所需的钝化和转动效应。然而，必定还需要第二次转动以进入建筑本身。为达到这个目的，柯布西耶使用了和在巴黎救世军庇护所类似的精密语法。彼处，这一语法加诸体量秩序之上，而在瑞士学生会馆，这一语法成为动势系统的一部分。动势系统的第二次转动对较弱的横向轴线加以体现，不过并未过分强调——如果

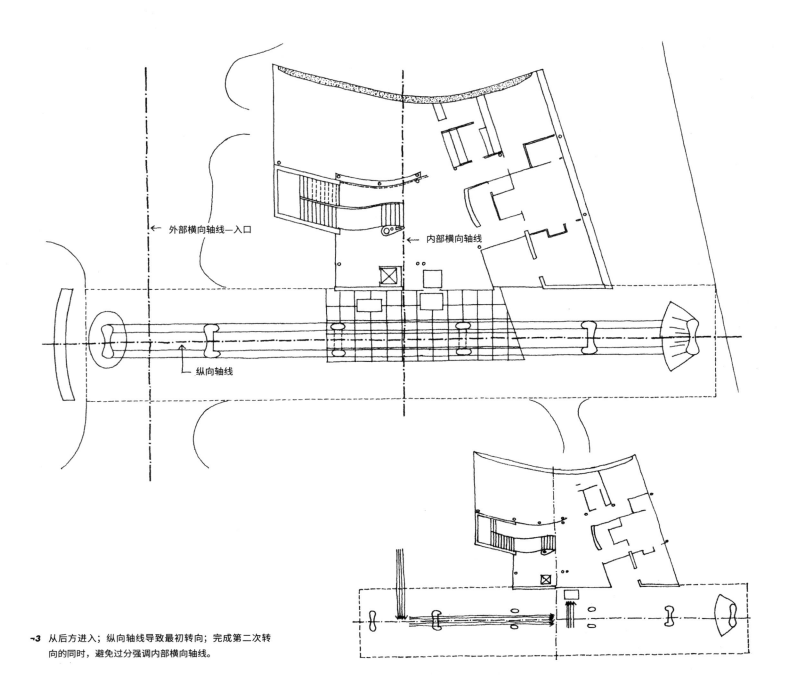

外部横向轴线—入口

内部横向轴线

纵向轴线

¬3 从后方进入；纵向轴线导致最初转向；完成第二次转
   向的同时，避免过分强调内部横向轴线。

强调太多，就会跟纵向主轴线产生冲突，而这条纵向轴线是主要的一般参照。另外，过分强调这条较小的轴线，就会使这一线型体块一分为二，成为一个双核组织，从功能上来说，这并非所需。

最初，一般体量的底部可解读为一般状态受螺旋动势的压迫和推挤而成。它的易位亦体现了这一横向入口矢量；于是这条较弱的轴线即成为一系列重要连接点的次要参考面，这些连接点关于这个参考面达成平衡。建筑双重功能组织的完整性由一个强有力的水平楼板——或者叫"台面"（table）加以体现。一旦确立这一"台面"为绝对基准，就不能将其随意穿破，即不能使之与形心动势系统以随意的方式相连接。[4] 因此，动势的螺旋系统穿过线型体块的同时稳固了线型体量的位置，为体量的组织提供了感知层面的功能区分。许多形心式方案都明显包含着对要素进行锚固的趋势。当一个形心动势系统被带入线型语境时，任何旋转都会趋于固化和抑止。通过检视挤出要素（extruded elements），我们不仅可以洞悉特定语法的运用，还能看出，为了一个明确的概念基础，这一语法须在何种程度上呈现出一种感知层面的秩序。

所有的形变在某种程度上都受制于一般状态。在瑞士学生会馆项目中，正交的"背脊"平面（"backbone" plane）——即主体量的背立面提供了参照。[5] 类似的用法也出现在柯布西耶的加歇别墅或巴黎救世军庇护所中，可以加以对比。主导表面的位置反映出了对一般体量的压力，使得中央纵向轴线位移到体量后侧。可以认为，该面与挤出体量（extruded volumes）形成张力，从而防止挤出的体量无休止地向外移动、远离主体量。

这些挤出体量的初始形变体现在食堂后侧外墙的曲线上。[6] 若从后侧接近后墙的曲线和拐点，可以推测到一个极强的受压点，即另一侧的入口。挤出体量因此而受到的挤压，就如同锡罐之类的线型容器侧面被挤扁而产生的效果一样。这种应力在后侧得到呈现，而在并未发生形变的入口平面却不明显；入口矢量的压力被体量的实际开口所释放。[7] 必须注意的是，后墙并不是一个"自由"形式，而是源自一系列精心构筑的参照线网络。[8] 最大曲率的点对应于入口轴线，并且以一般横向轴线为参照提供了最初的平衡。这个拐点从内部与内侧食堂墙的最大

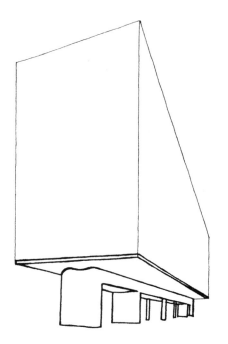

¬4 表述为水平绝对基准的"台面"不能被随意打破。

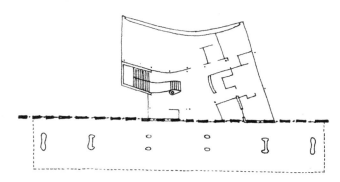

¬5 所有形变都以一垂直绝对基准或"背脊"平面为参照而获得秩序。

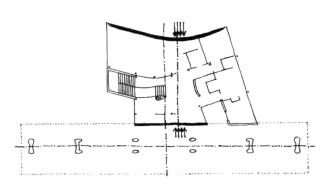

¬6 挤出体量的最初形变是后墙的弯曲；从后方接近时，体现了入口矢量。

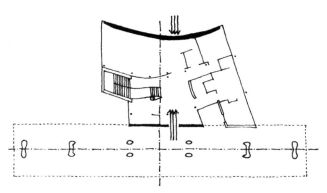

¬7 入口墙未产生形变，因为实际入口释放了压力。

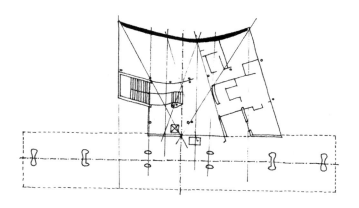

¬8 后墙的曲线是由一组精巧网格带来的结果，
大多数关键连接点由这一网格定位。

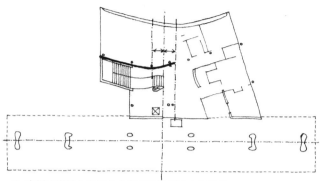

¬9 内侧食堂墙上的最大曲率点与外侧最大曲率点
　　在横向轴线两侧达成平衡。

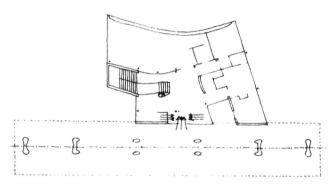

¬10 入口处的限制加大了入口压力。

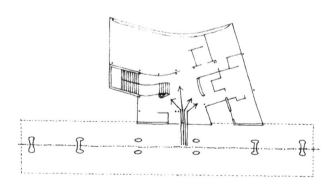

¬11 压力在入口墙中得到释放。

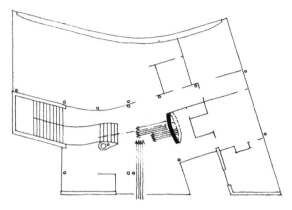

¬12 楼梯的横向轴线的限制使得入口矢量再次弱化并转
    向。可以认为柜台的振动将动势推上楼梯。

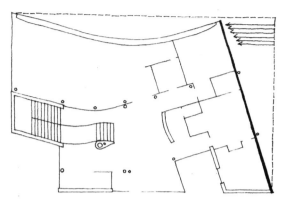

¬14 挤出体量的右侧墙体由它在一般矩形中的位置发生倾
    斜，产生了动势矢量转向所需的初始压力。

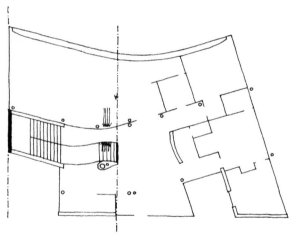

¬13 楼梯的两端均严格固定在正交网格之上。
    楼梯的弯曲在通向下层的次要通道中产生限制。

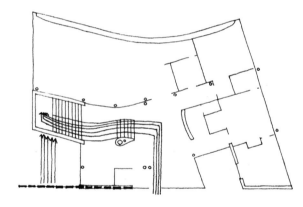

¬15 来自主导面的压力使得动势在楼梯休息平台上朝自身折回。

曲率点达成平衡，它们等距地位于横向轴线的两侧。¬9 这个内部的拐点还提供了一个定向的推力，进而偏转入口矢量并且进一步削弱螺旋动势。¬9 另外，这个内部点的位置非常重要，因为如果把它放置在与外部拐点相对立的位置，就会使得入口轴线偏离楼梯而不是转向它。

　　螺旋动势自身亦在各方压力的影响下或收或放，在其发展过程中，相应的各节点相继得到体现。最初，入口处的压力被入口左侧柱子所限定的体量所强化。¬10 这一压力之后又被不规则的大堂所释放，在动势系统中提供了一个停顿点。¬11 然而，在楼梯的横向轴线位置，随即出现了进一步的限制。¬12 另外，通过创造楼梯末端与对侧柜台的张力，这一轴线弱化了入口矢量的方向性。可以把这个柜台想象为一个弹性缓冲物，它在凸凹之间振动，将动势推上楼梯。¬12 楼梯的两端都可看作是被正交网格所严格固定的：一端止于中央横向轴线，另一端则是柱间开间的中线。¬13 这样，可以将这个楼梯的弯曲解读为对柜台的振动所产生的压力的体现，以及对正交网格的参照。楼梯的形变也限制了楼梯侧面和内侧食堂墙之间的空间，界定出进出地下室的次要服务走道。¬13 挤出体量右侧外墙的倾斜增强了激发垂直动势所必须的内部压力。¬14 这里必须要强调的是，所有形变都参照了正交网格，尤其是网格的主导"正面"坐标。这些形变源自用于对流线进行系统化控制的特定语法，并遵循一般条件的句法要求。之前已经提到过，螺旋型或风车型的发展并不完全，这可以从动势秩序和体量秩序中看出。因为压力来自于纵向轴线的位移，螺旋型动势只能陡然中断在楼梯的休息平台上，并且反向折回。¬15 另外，体量秩序亦未得以完整实现，其发展似乎是被纵向轴线所阻挡。然而，体量化螺旋可以被理解成在单一维度上已经收尾，因为楼梯的体量的确延伸到了线型体量的整个高度。还可以将挤出体量解读为螺旋型或风车型的三个不同层级；不过由于这些风车臂没有一个确立的轴心，本文还是更倾向于前一种理解。¬16 这些体量的原始划分来自正交网格，正交网格同样提供了一种三重功能分隔。

　　楼梯井体量的范围由入口左侧的三根柱子（A、B、J）界定，并直通建筑顶层。¬17 紧贴着柱 B 的柱 C 尺寸略小，以表明它较为次要的承重作用。它们的位置安排明显是刻意的，这样的并置因而别具深意。如果承重是唯一的考虑，那么

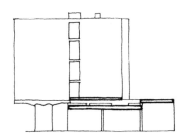

¬16 挤出体量被解读为螺旋型或风车型的三个不同层级。

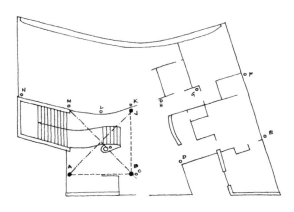

¬17 柱 A、B、J 定义了楼梯井体量。

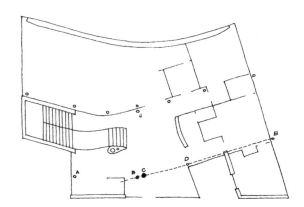

¬18 如果将柱 C 放置在与柱 B 呈斜向关系的位置上，
柱 B 的解读将变得模棱两可。

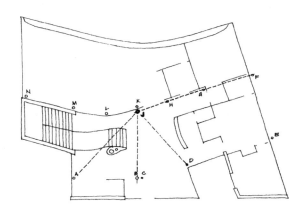

¬19 柱 J 的解读也可以是模棱两可的。

最初这两根柱子就可以做一根处理。然而，那样就无法明确表达正交体量和另一与它斜向放置的体量的交叉关系。如果柱 C 和柱 B 呈斜向位置关系而不在正交位置上，柱 B 的解读就变得模棱两可：它可以是斜向 CDE 系列的最后一根柱子，也可以是 ABJ 体量的角柱。[18] 在这种情况下，这样的特定布置对各个体量进行了明确的界定，同时使它们还能作为一个连续整体而存在。类似的处理也发生在柱 J 和柱 K 上。这里柱 J 可以有两种读法。[19] 它可以是 ABJ 体量的一部分，也可以是 FGH 系列所界定的斜向体量的一部分。这里也是一个重要交叉点，因为此处不仅有必要表述流线、门厅、食堂的三段式体量秩序，也有必要保留门厅和食堂体量的连贯性。这里，连续和静止这两种解读都得以呈现，后者的读法由门厅和食堂之间的玻璃分隔强调出来，而前者的读法则由柱 K、L、M、N 在被玻璃分隔的食堂这一侧的布置所强化。[20] 在方案的实际执行中，为了明确地呈现这一辩证情形，柯布西耶改动了柱 K 相对于柱 J 的位置，以避免将这对柱子与柱组 BC 在概念层面上做相似的读解。[21] 柱 K 被左移，同样左移的还有柱 L 与 M，以便把它们读解为正常网格的一部分，进一步表达体量的分离。尽管在斜向序列中加入了柱 O，上述做法依然强化了柱 J 的两可读法。柱 K、L、M 的移动形成了常规网格，从而拒绝了任何把它们与楼梯井联系起来的关系的可能，同样也形成了体量之间更强的区分。这里有两个对螺旋系统的进一步体现：第一是首层的凹切：它不光把门房从门厅剥离了出来，同时也帮助定义了半完全螺旋的三个部分[22]；第二是对于管家房和门房体量的表述：它再次强调了层级式螺旋的解读。我们可以将上升和转向的动势读解成从主导表面的明确抽离。这种抽离最先引发了挤出体块右侧墙的倾斜。[23] 其中，表面被拉离柱子，使它们暴露在外。主导表面的吸引力在"体块—表面"的辩证关系中得到了体现。

挤出的次要体量被称为"体块"，与之相对，主要体量被读作"表面"。它们的特殊位置取决于与主导北侧立面的关系，就像物体置于镜框式舞台之前。柯布西耶创造了不同样式的南北立面，为建筑赋予了一种显然非常"新古典"的前后式读法。北侧"背"立面因为其窗户摆放的虚实关系，最初可被读作体块。[24] 然而，食堂的粗砺卵石墙（rusticated rubble wall）必须被理解为绝对的"体块"参照。

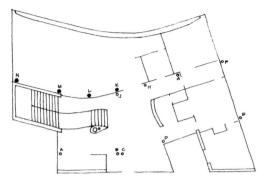

¬20 柱 K、L、M、N 于玻璃隔墙靠食堂一侧的位置
      进一步表述了三段式的秩序。

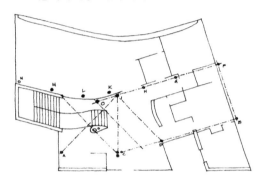

¬21 最终方案中，柱 K、L、M 被移动位置，以进一步对
      体量进行表述以及澄清柱 J 的有意而为的模糊性。

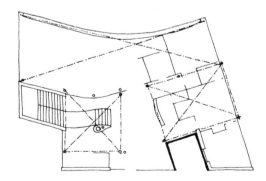

¬22 凹切帮助定义了半完全螺旋的三个部分。

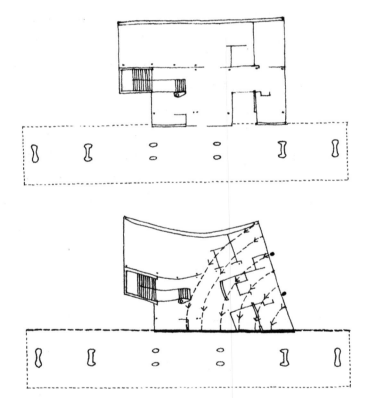

¬23 主导面的牵拉使得右侧墙体发生倾斜，使柱子暴露在外。

这面墙有两种解读。一是，次要体量从它们的一般状态的位移表明，可以将表面理解为被剥离开，以暴露这里的粗砺石面。由此得出，如果北立面的表面被剥离，它也会露出下面的粗砺的"体块"。然而，这种粗砺体块放置在"台面"上的想法明显不是柯布西耶想要引发的隐喻。由此，提出了第二种对食堂墙面的二维解读："体块"被小心地放在两个水平板块之间，形成了一种像隔板一样的感觉，并且另一个紧接着粗砺卵石墙后面的表面（即相邻的西立面的窗框）的表达加强了这第二种解读。¬25 这给了卵石墙一种像纸一样的特质，即它有可能再次被拨开以揭示另一个表面。当各个表面被理解为一个序列时，后一种解释更加让人信服：一个纵向系列的解读，从最厚重不透明的，到卵石墙，经过楼梯井的光滑的砌体，和半透的北立面，到最不厚重的玻窗通透的南立面。¬26 在这个语境下，我们必须将北立面想成是这一系列层中的一个表面。但柯布西耶再次表达了些许的模糊性，将这个立面处理为一个围裹的表面或膜，而非平面状或线性样式。因为各个砌体单元从后侧到侧面都处理得连续一贯，立面两端未经过刻意处理，这也就加强了这种解释。表面之薄可以从窗户的放置中看出。而窗户则表现为连续表面上的透明性。¬27 最后，最上层窗户的位置进一步强调了这一"膜"的解读。这些窗户几乎是一个表面，重叠在作为檐口的砌块上。

南立面在上层继续着砌体的围裹效果，而且还体现了平面分层的最后一层。这样的处理导致，这里的玻璃不论是作为膜的一部分，还是作为正面，被处理得是完全透明的。¬28 有趣的是，不论是在这里还是在巴黎救世军庇护所，"体量—表面"辩证系统的概念发展的清晰性都被新加的太阳挡板瓦解掉了。

上述讨论主要有关任一系统的两个句法要求：对词汇的运用和秩序化，以及对一般形式的形变的体现。而第三个句法要求——将一个系统作为一个完整的实体——在全部三个坐标轴上都得到了体现。最显然的要求是将主要体量的纵向轴线作一终结。在"台面"以上的部分，一个膜包裹着框架，但这并不代表"台面"的结束，它是通过暗示底层架空的结尾而实现的。这种对方向性动势的隐含收尾也可以在巴黎救世军庇护所和拉图雷特修道院里看到。在瑞士学生会馆里，柯布西耶运用了一对有机的椭圆形作为中央底层架空柱。它们之后似乎从中心开始分

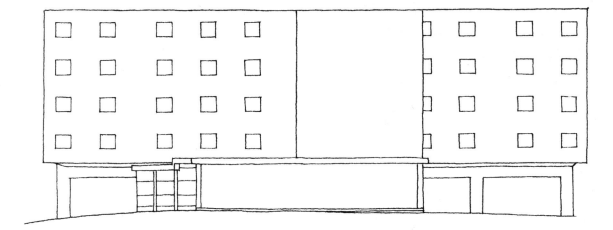

¬24 基于虚实关系，北立面最初解读为"体块"。

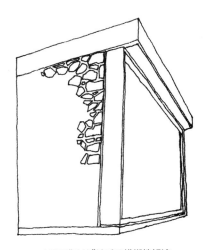

¬25 食堂墙"体块"被赋予模糊性解读。

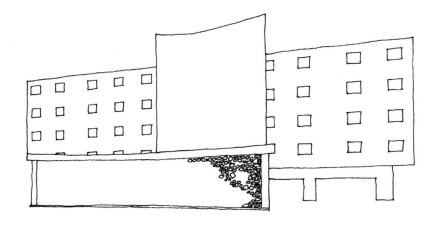

¬26 始于食堂墙的表面序列。

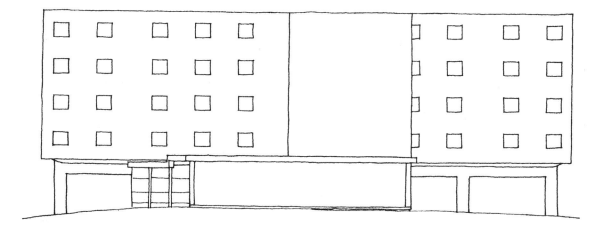

¬27 北立面被视为一层由窗户组成的单薄表面，挂在其后的体量之上。

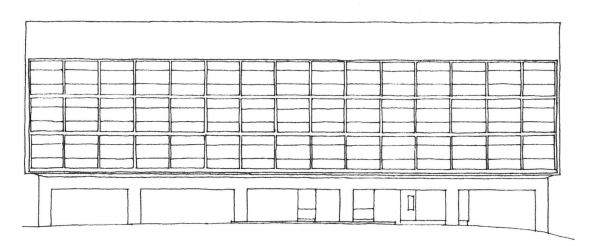

¬28 南立面被处理为透明的表面。

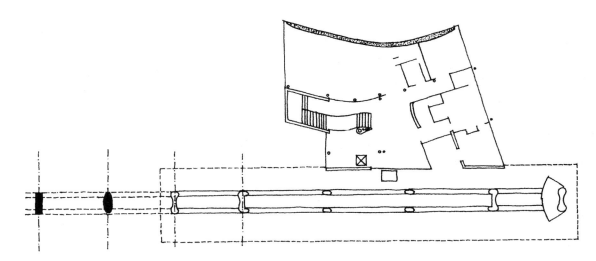

¬29 通过架空柱的发展，暗示纵向轴线的收尾。

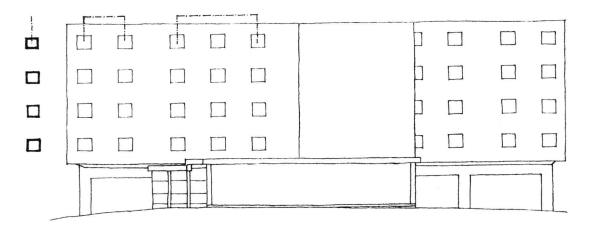

¬30 通过窗户的组合，暗示北立面的收尾。

阶段逐渐生长：先成为有深凹角的单个有机形式，然后再到这一生长的第三阶段；进而暗示，这种生长只能再有两个阶段[29]：其一即一个长型椭圆（它自身就可以作为这一系列的终结），其二则是使椭圆变化为矩形。对于北立面所暗含的单阶段收尾的解读似乎证实了第一种诠释。这一立面上的玻璃窗口同样是从中心向两边排布的。[30] 中心组包含三个开间，旁边的两开间暗示了作为系统收尾的末端开间。正交坐标也可被视为一个渐变过程，但在这里有一个实际的收尾，即从不透明到透明的演变。

在南北立面中，水平坐标得到了一个感知层面的终结。在南立面，三分法的解读由"台面"、玻璃窗面以及实体顶层组成。而在北侧，这种区分并不明显，但在石砌单元的具体做法上仍然可见。

巴黎救世军庇护所

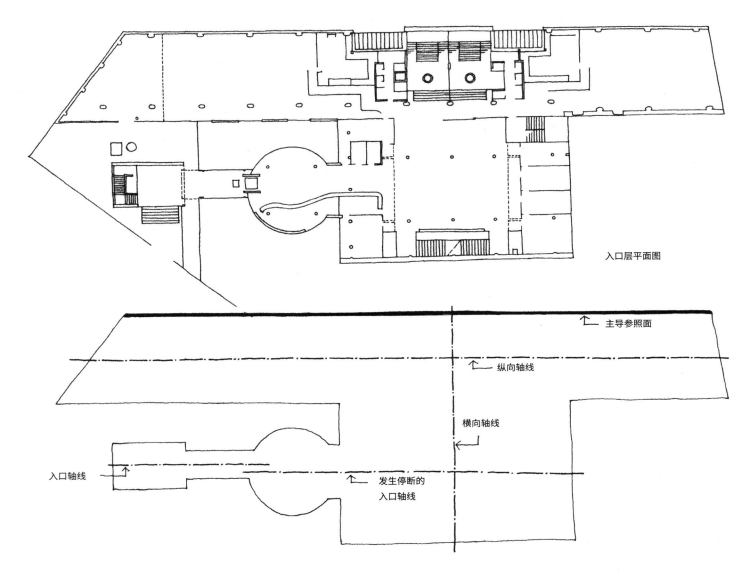

入口层平面图

主导参照面

纵向轴线

横向轴线

入口轴线

发生停断的
入口轴线

¬1 索引平面图：主要的轴向参照。分割功能区的横向轴线。

巴黎救世军庇护所的形式系统发展和瑞士学生会馆类似。深层地看，这两个建筑都是演化自某种暗示了一般线型组织的功能秩序。它们基本的不同则在于内部主轴线和外部轴线的关系：在瑞士学生会馆，入口矢量与内部轴线成直角；而在巴黎救世军庇护所，外部轴线是以大约 45 度角与内部主轴线斜交。由此，柯布西耶使用的形式系统即从这两种考量出发。巴黎救世军庇护所的内外部轴线关系与内穆尔殖民公寓类似，它们的外部轴线都是平行于内部轴线的。然而，在内穆尔殖民公寓，平行矢量间存在直接垂直连接的可能性，其螺旋动势就始于这种联系，但巴黎救世军庇护所的状况就不包含这种类型的动势。首先，由于街道的斜向属性，建筑与街道的连接点必须处于该选定位置。出于形式和功能上的原因，外部的斜向街道使得入口的垂直向放置变得困难。另外，由于进入线型体量的入口必须位于两个功能分区之间，这个困难又进一步增大。[1] 内部秩序要求，这一体量应以不对称的方式划分，这样就不能使用可提供单一入口形式的中心横向轴线了。由此，任何试图为这一体量创造入口的强势垂线（strong perpendicular）都似乎处于一个随意和摇摆不定的位置。这样的垂线还会在连接街道处造成难以处理、模糊不明的锐角。反之也成立：如果轴线平行于街道，它同样与内部轴线形成一个带有随意夹角的斜向节点。[2] 于是，直接的连接是不可能的。而且，功能方面的原因还导致对入口矢量的任何转动必须是在相反方向上进行的，因而，像内穆尔殖民公寓一样运用一个次级形心体量系统在这里便不可取。动势系统必须以某种方式提供切断这两条纵向轴线的办法。面对这样一个句法问题，柯布西耶发展出了一套精密的体量系统来实现这一转换并使之秩序化。更具体地说，它是一个"套接亭体"系统（a system of en-suite pavilions），而为其赋予秩序的，是包含着"体块—表面"辩证系统的次级发展过程，以及参照空间网格正面坐标的具体的几何实体操作。这个网格变成了具体形式的绝对参照，而这些形式运用的具体语法来源于各自的一般先例。通过对正方形或黄金比例矩形的运用，整个综合体便受制于一种严格的秩序，它限定了这个网格上所有的重要交点和节点。

一般形式的轴线在动势系统的概念秩序中起到了重要的作用。对这些轴线的系统化控制解决了线型体量单一入口的句法问题。入口在体量的一般状态上施

巴黎救世军庇护所
法国巴黎
CITÉ DE REFUGE
PARIS, FRANCE

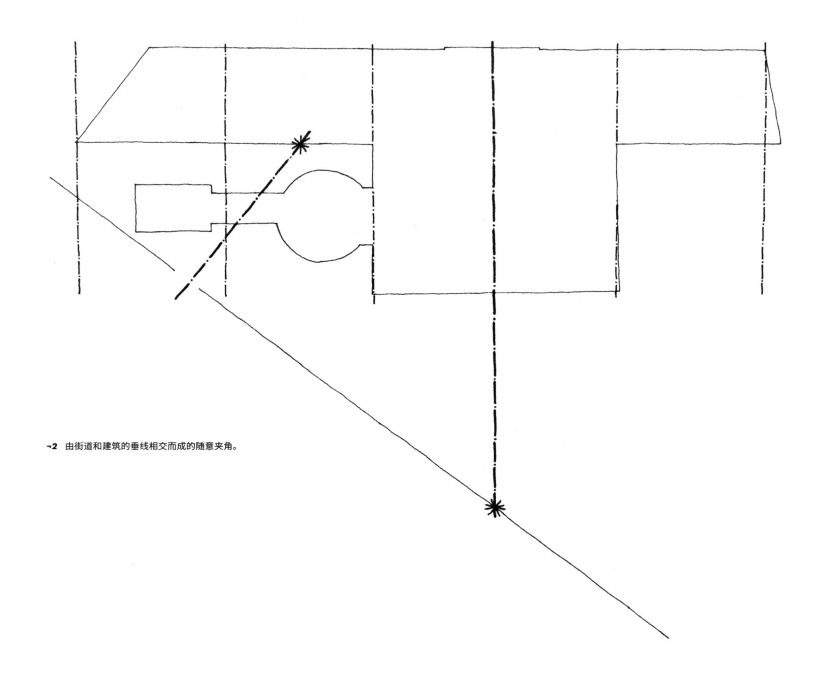

¬2 由街道和建筑的垂线相交而成的随意夹角。

加的压力使对称面偏移到体量的后侧。具体体量的表面则成为"背脊"或主导面，实质上就如同瑞士学生会馆的北立面和拉图雷特修道院的礼拜堂体块一样。"套接亭体"系统发展中的张力由此而来。在各个案例中，主导"表面"被用作建筑其他部分的衬底和参照。

整个入口综合体无非是斜向矢量的分解：此处，与外部轴线垂直的斜向矢量，依照其与线型体量纵向轴线之间的关系，被分解为了一系列正交动势。[3] 为达到这一点，外部轴线被转向两次并且带入整体秩序。另外，入口综合体的每一个元素都是这一秩序的一部分，并且在达成这一秩序的过程中获得了充分的强调，而这一秩序的目的正是如何进入建筑。

第一个主要转向在入口或"山门"（propylea）亭体中实现，它本身就是一个黄金分割比例的体量。[4] 这个体量给予了动势系统初始方向，同时提供了通向下层的老人区域的次要入口。

剩下的正方形体量暗示了一个停顿点，它允许动势转向任何方向。[5] 当纵向轴线的拉力被感知到，这个动势就只能向右，而纵向矢量由于次要楼道的释压会产生压力的微量回冲。纵向矢量的压力被入口桥道的吸力作用所强化。这个矩形第二单元具有方向性，并且沿着它的中心轴线继续着纵向矢量。另外，这一"亭体"因其体量的菱形特质而具备了额外的重要性：它是这一序列中唯一的非正交体量。假设连接街道与入口亭体的阶道上方存在一个水平顶面，那么，该暗示而来的体量可以被解读为一个与桥道类似的"漏斗"；进而，我们可以认为，桥道体量与阶道体量关于绝对水平基准达成了平衡。最初的这三个亭体一开始可能会被认为是一个"A-B-A"式的"开始—停止—开始"序列。[6] 然而，柯布西耶将可被读成入口山门的一部分体量 1 和 2，与体量 3 一同赋予秩序，由此停留区域 2 可被看作 1—2—3 体量推进过程的一部分。[7] 斜向矢量的压力也相应增加，为停留区域 2 的旋转动势提供了动力。

这一行进过程的关键点位于圆柱形的入口前厅。由于受到连接桥道与前厅的狭窄瓶颈的制约，定向的轴线最终得以在此处完成蓄积。[8] 由此，柯布西耶便为实现最终的转向而将其系统准备完毕，而这一转向是进入主体量过程中必不可缺

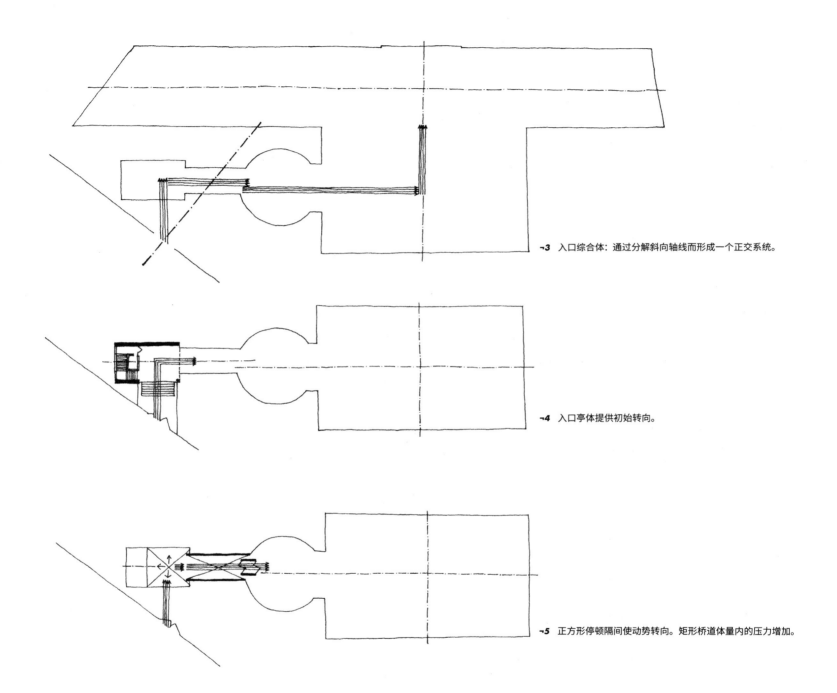

¬3 入口综合体：通过分解斜向轴线而形成一个正交系统。

¬4 入口亭体提供初始转向。

¬5 正方形停顿隔间使动势转向。矩形桥道体量内的压力增加。

106

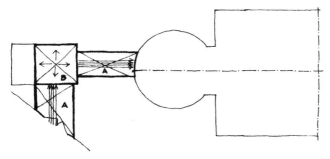

¬6 A-B-A: "开始—停止—开始"序列。

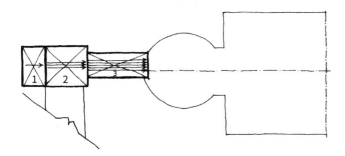

¬7 1-2-3: 体量推进。

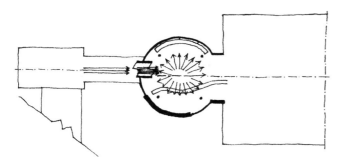

¬8 瓶颈处压力的积蓄；圆柱内压力的舒缓。

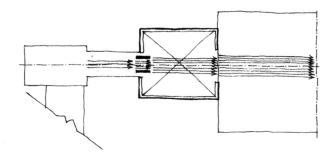

¬9 体量秩序无法使动势系统转向；
矩形体量会使压力变大，增加转向难度。

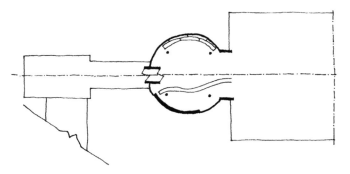

¬11 位于轴线上的圆柱体。动势矢量没有发生钝化或弱化。

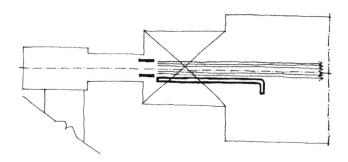

¬13 连同矩形体量，未发生形变的接待台
可以被视为一个很强的方向性要素。

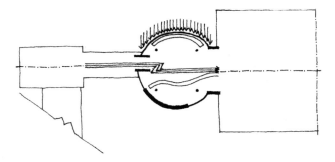

¬10 圆柱体向前滑移，导致轴线发生停断。

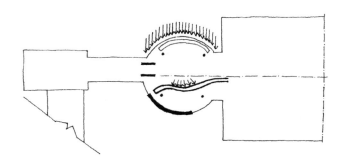

¬12 圆柱体的扭转和旋转导致接待台发生形变。

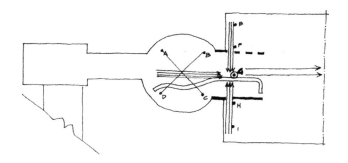

¬14 柱 G 定义了一个横向槽位，对入口轴线造成了最后一次钝化。

的一步。倘若维持此处动势系统的压力被再次加强，矢量的最终转向将会变得非常困难，甚至不可能。⁻⁹ 所以，在等级化的体量不断增大的同时，必须淡化、减弱这条轴线。体量的递增实现了从街道至主体量在尺度上的推进。有趣的是，体量秩序本身不能改变动势系统的方向，因而前厅所用的是圆柱而非长方体——圆柱暗示了直接的外向膨胀、能量的扩散，而这些都是长方体不能提供的。这一停顿点可以被读成对入口轴线的第一次钝化（blunting）。而第二次弱化或许更为关键，指的是将圆柱体向前滑移并使其脱离直向动势线路时所造成的轴线的停断（stuttering）。⁻¹⁰ 由于这个微小的偏移，圆柱体与入口轴线、毗连的桥道的位置关系都极为窘迫，使得定向轴线几乎失效。⁻¹¹ 这种扭转（wrenching）的效果连同圆柱体的旋转特性都在接待台的形变上得以反映；而若不是因为这个变形，接待台本身可以是一个很强的方向性要素。⁻¹² 试想，倘若接待台的一般状态是一个矩形体量，它会对整个系统造成怎样不同的影响⁻¹³——入口轴线将得以延续而不是钝化，而最终的转向则将需要一套更精密的解决方案。因而可以认为，先前的各体量所积累的压力到了这里得到突然的扩张和释放，而这个圆柱体即从这一过程中获得了其具体形式。

随着入口前厅和中央大厅的瓶颈状连接逐渐变宽，此处轴线进一步被弱化。这个连接可以看成是被圆柱内四根柱 A、B、C、D 所定义的正方体量的延伸。四柱的中央轴线是对应着最初的入口轴线放置的。另外，单柱 G 在这一连接中的位置进一步促成了初始动势的最终消解。⁻¹⁴ 单独来看，这根柱的位置似乎很随意；但如若把它作为一列柱子的一部分来考虑（这一点也由相对而立的两扇门强调出来），它就划定了一个横向的体量槽位（volumetric slot），从而最终钝化了动势。最后，这个系统来到了一个钝化版十字型的中央大厅之中，也就是说，进入了一个形心形式。这个体量的纵向轴线，即已错位的轴线的延伸，被六根圆柱 J、K、L、M、N、O 限定，而横向轴线则被钝化版十字体量的定向属性所界定和强调——十字体量在横轴方向上的延伸要大于纵轴方向上的延伸。⁻¹⁵ 大厅的形心属性暗示了又一个无方向性的停顿点的存在，此处的转向则是在横向轴线的影响下得以实现；该横向轴线因其自身直抵主体量的横轴，因而格外显著。然而，大厅的柱网仍然

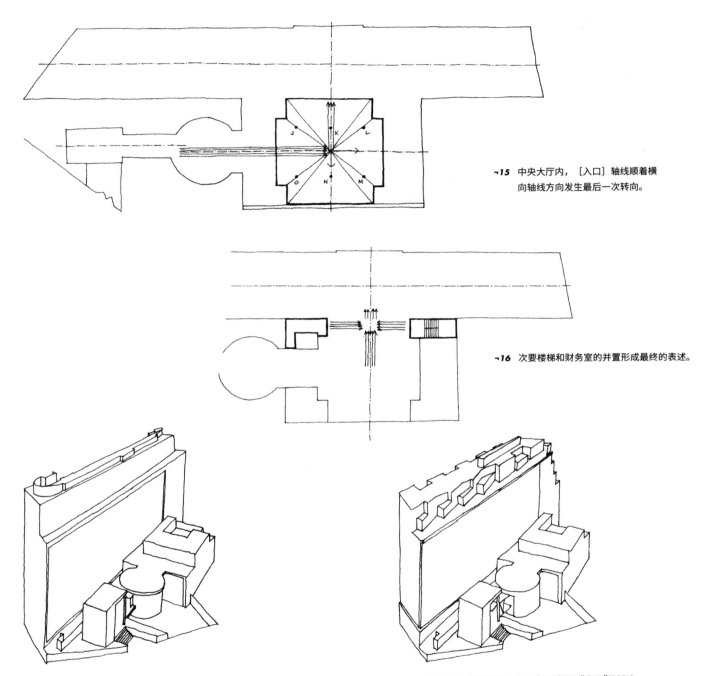

¬15 中央大厅内，［入口］轴线顺着横
向轴线方向发生最后一次转向。

¬16 次要楼梯和财务室的并置形成最终的表述。

¬17 早期方案：背后的"表面平面"导致了正立面的模糊性解读。

¬18 最终方案：通过改动，为正立面赋予了"表面"的解读。

具有纵向轴线的方向性，这条轴线上的各个开间亦具有这种方向性。这便有别于圆柱体量中更小尺度的无方向性群组。在动势进入主体量之前，最终的表述是将次要楼梯和财务室并置，这样就造成了一种空间收缩的效果。[16] 以"体块"对垒"表面"的方式，"套接"（en-suite）体量在整套发展中与主导后侧平面之间形成了张力。

　　如果对该项目的早期方案作一检视，我们就可以看出，"体块—表面"的辩证状况已发展得相当成熟。在这里，柯布西耶注意到，主体量的正立面或许会产生某种模棱两可的解读。[17] 此处，我们趋于把这个面读作"表面"，而前面的各亭体读作"体量"。然而，这个立面一旦退台，又有另一个面呈现出来，又因为这个面被特殊处理为"表面"，继而使得正立面又可以被读作一个被挖空的"体块"。最终方案中的改动则体现了进一步的清晰完善。[18] 柯布西耶将正立面的上框变窄，这样它就不会被误读为"体块"。形成的框架又沿着立面实体部分的上沿延续，实体部分以特定方式切出了一系列开口以避免将这一表面解读为"体块"。立面的退后部分作"体块"处理，在与正交参照系成锐角的方向上对其进行了若干切割，线条分明。现在，主要体量可以被读作"体块"，而其前后均安排以"表面"。这样一来，各"体块"亭体与后表面的张力关系的解读就得以成立，而"体块"亭体可以被认为是从后面的"体块"中拉出，并穿过"表面"立面。[19] 因而，中心大厅最初可以看作是从主体量中抽出的，而剩下的各亭体则可认为是以类似方式从大厅发展而来。最后的方案以更接近处理实体的方式对各亭体加以处理，以此强化了它们的"体块"解读；这一点在圆柱体上尤为明显。而既然入口亭体与主导"背脊"表面的关系已经确立，我们就必须分析主要体量中由这个平面的位移所导致的形变。沿着正立面的柱网清楚显示了来自背立面的紧绷的拉力。这些柱子可以被想成是被拉向主导表面；不过端头的两个开间除外，它们可被视为线型的终结。[20] 由此形成的楼板出挑解放了正立面，允许了立面和柱子之间插入流线。另外，柱子的位移也允许了对各个柱间开间的横向轴向解读。主体量的左侧端头没有体现出任何形式的收尾，因为这一设计方案不排除始自那一点的延续的可能。而线性轴线的右侧端头则提供了终结。由于各根柱子仍处在未发生形变的位置上，这一轴线获得了一种连续的而非分段的解读。[21] 在未终止轴线的同时，

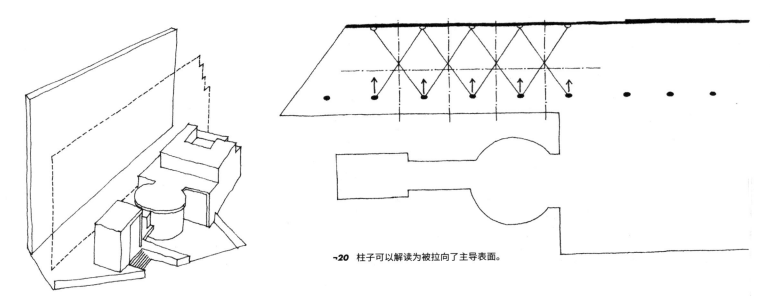

¬19 体量亭体与主导"背脊"表面构成张力关系，
     并穿过正立面被拉拽出来。

¬20 柱子可以解读为被拉向了主导表面。

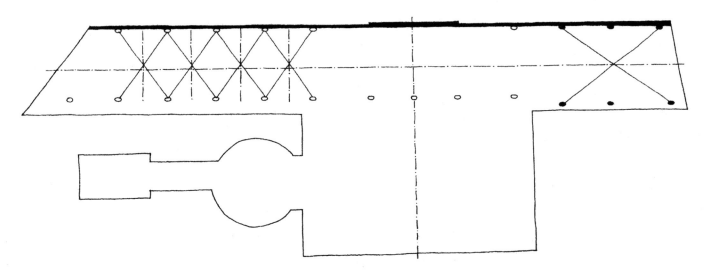

¬21 线型轴线的终结。柱子位于未发生形变的位置。

柱网的拓宽主动地形成了终结。最后一跨开间被拉长，试图终结这条轴线，然而这个延伸只是界定了末端的具有黄金分割比例的矩形。只有检视垂直剖面时，我们才能看到这个轴线的真正结尾。轴线的终结在台阶似的纵向剖面上得到暗示，因为如果退台如此继续，就会生成一个完整的阶梯状金字塔形（ziggurat）。⌐22 柯布西耶也在拉图雷特修道院和前面讨论过的瑞士学生会馆中使用过这种暗指的结尾。

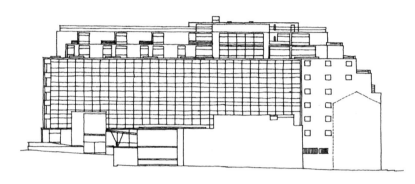

正立面

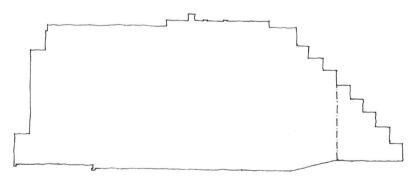

⌐22 阶梯状纵向剖面暗示一种结尾。

弗兰克·劳埃德·赖特
FRANK LLOYD WRIGHT

接下来要分析的弗兰克·劳埃德·赖特的两座建筑，在本质上都属于线型：其中一座与主导外部轴线平行，而另一座则与该轴线垂直。为解决内外部需求，所需要的句法与柯布西耶的两座建筑中所用的句法相似，尽管这些建筑的具体内部功能不同。形式系统为各案例中所调用的具体语法赋予了秩序，且这种形式系统体现了给定情境中的特定句法。

本文中的分析不会对具体形式在感知层面上的性质进行细致的探究。由此，只有当赖特的"手法"（mannerisms）有利于验证本论文观点的时候，我们才会在分析中将其纳入考虑。

虽然赖特的语法常常使其句法和系统显得隐晦，但是该语法的严谨的组织，以及该系统在具体状态和一般状态之间所构成的关系还是显而易见的，进而使我们能够在概念层面上分析它们。

通过研究赖特发展出来的系统，可以发现他早期的作品具有深厚的古典基础。这一点我们从他的系统化发展方式中就可以看出，其对轴线与十字交叉轴线的大力运用为平面提供了秩序。在柯布西耶的作品中，这些轴线基本上被用来为动势施加控制和秩序，而赖特则用它们来控制体量。他既没有使用"建筑漫步"（promenade architecture），也没有运用任何含有"体块—表面"辩证关系的系统。赖特的语法几乎完全只涉及体量秩序与各个体量元素相对于主次轴线而产生的精巧平衡之间的相互作用。这些体量从外部看来可被视为"体块"，或被削减的实体（solid-cut-away），赖特罕见地将混凝土和钢材运用于点式支撑的这一做法即可作为证明。

赖特作品中的系统化发展基本上都是线型的，因为正交轴线中的某一条通常比另一条更受重视。我们可以从他的作品中辨别出两种不同的系统化发展类型。最常用的那一种或许可以被最好地描述为"形心型"，因为它是由一般的十字型或风车型演化而来的，而壁炉这一"体块"是它的中央参照物。不过，在大多数情况下，这一形式在具体状态中会发生形变，从而产生一种线型解读。文斯洛住宅、阿彻尔住宅、布莱德利住宅及托马斯住宅（Winslow, Archer, Bradley, and Thomas Houses）都是这一情况的原型范例，并在威利茨住宅和罗伯茨住宅（Willetts and Roberts Houses）中发展成熟。赖特平面规划中第二种可识别的类型是一套由线型亭体构成的系统，它是从一般线型体量或者被弱化的形心十字型演化而来的。山边家庭学校（Hillside Home School）、艾弗里·库恩利住宅（Avery Coonley House）以及达尔文·D. 马丁住宅（Darwin D. Martin House）都是后一种类型的实例。接下来的讨论将仅针对后一种类型，具体以库恩利住宅及马丁住宅为例，这不仅是因为它们阐明了分析中将出现的特定的内外部状态，更是因为它们展现了赖特在形式系统中最为成熟的语法发展。

马丁住宅

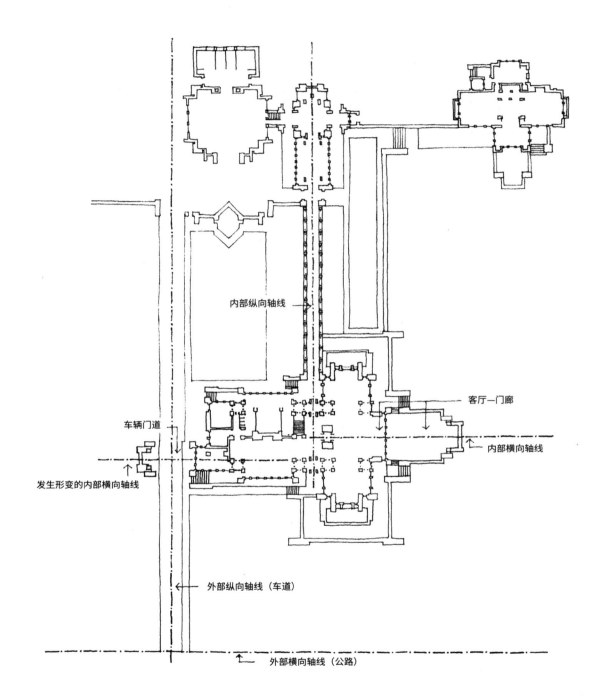

内部纵向轴线 →

客厅—门廊

车辆门道

内部横向轴线

发生形变的内部横向轴线

外部纵向轴线（车道）

外部横向轴线（公路）

┐1 底层平面图：主要的轴向参照。

这座建筑的具体解决方案由连续系统和静态系统这两种体量系统综合而来。控制这两种系统的，是一组相对于正交轴线达成精巧平衡的复杂的双网格。同时，根据观者在平面中的相对位置，两条轴线中的任意一条都可被读解为主导轴线，从而呈现出一种辩证状态。由此产生的主次轴线的方格状交织是赖特平面规划中的一个特点。在发展出一条主轴线之后，继而用另一条主轴线或次轴线将其弱化。这种轴线的弱化通常有其功能上的原因，但在大多数情况下，轴线是因形式和句法原因而被切断的，以此终结特定的轴向动势。最初，外部状态呈现出一条主要的横向轴线——也就是公路，它平行于场地前沿。[1] 这条横轴被一条强势的纵向轴线——也就是通向车库的车道——所切断。内部主导轴线则与车道垂直，而它也必须被切断以便提供建筑入口。贯穿车辆门道（porte cochère）的轴线最初看上去像是建筑的主导一般参照，但是仔细研究之后会发现，它可以被视为真正的主导轴线——也就是贯穿客厅至门廊的中央横轴——发生位移的结果。这一位移体现了主一般纵轴的冲力，该轴线贯穿了将温室与主屋连接起来的长廊。因此，我们必须分别对横轴与纵轴进行分析探究，将二者轮流视为主导参照。

如果"客厅—门廊"轴线可以被看作主要的横向参照，那么，"车辆门道"轴线便须被视为它的变形。与较大的门廊体量相比，车辆门道这一小体量被放置在离对称轴稍远的位置，使得车辆门道与门廊这二者相对于纵轴得以保持平衡。[2] 使两个元素相互平衡的意图，在作为端头亭体的这两个元素的相似的具体处理方式中就已经明确：柱的并置以及矮墙的位置和具体形式皆加强了这一解读。然而，"长廊"轴线的冲力导致车辆门道发生位移，使得这一元素在横轴上偏离平衡状态。[3] 它是唯一没有处于轴向平衡或对称状态的主要体量，因而它在整个建筑复合体中尤显重要。某种意义上，它体现了被"客厅"轴线钝化了的"凉亭"轴线的冲力；这一位移从而重建了整体建筑构成的动态平衡。车辆门道的位移随后被用作一个次级的梯级动势系统的一部分，以解决车行与人行入口的功能要求。[4]

如果不是因为该次级系统的发展，就形式而言，通入建筑的人行入口几乎不可能实现。进入接待大厅和进入正式前厅的路线都需要从停车点反向折回。X、Y、Z 三根角柱以及精巧的楼梯布置一同控制和强化了这一梯级动势。进入接待大厅

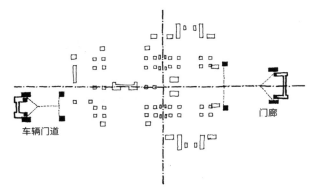

¬2 纵向轴线两侧的车辆门道和门廊达成平衡。

车辆门道

门廊

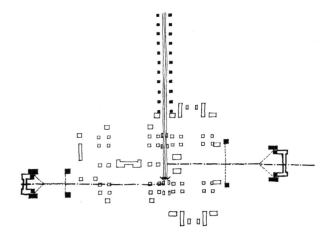

¬3 长廊使横向轴线上的车辆门道发生位移。

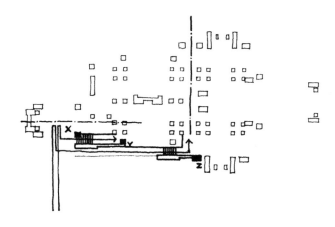

¬4 由梯级型系统控制双人行入口。

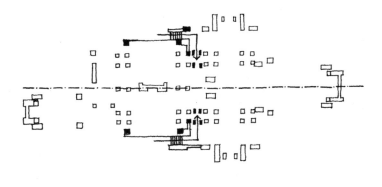

¬5 前入口和较次要的后入口之间的等量关系
解释了"笨拙的"入口动势的终结方式。

的入口路线是直接依靠梯级动势达成的，但进入前厅的路线则必须转向。这个由中央纵轴的定向拉力所造成的转向，将动势引至了一个颇为模糊的内部位置：这一入口路线略过接待室，直接侵入客厅连续体量的一角。如果仅仅根据这一接合空间与客厅体量的关系来对它进行读解，那么它只能被解释为一种略显笨拙的终结入口动势的方式。然而，如果把这一入口读解为一个次要入口，并将其与横轴另一边、从花园汇入的后侧次要入口建立等量关系，那么就能更容易地理解这个接合空间了。[5] 进入接待大厅的主入口因为缺少与任何其他元素的对称关系而再一次获得较大的权重。虽然次要的厨房入口与主入口的大小和方向都相似，但因为它与车辆门道相比更为隐蔽，所以不能被看作是一种平衡。

此外，还有两个更为次要的元素并没有涉及到横轴两侧的轴对称关系。其中之一是长廊端头的方柱 W，它与纵轴另一侧餐厅角隅上的方柱 V 达成平衡。[6] 方柱 W 所带来的平衡明显使"长廊"轴线得以终结；姑且忽略这一点，它还可以从概念上被读解为餐厅方柱受长廊侵入而形成的碎片。当我们结合对"图书室—餐厅"这组平衡的观察，以上解读将进一步具有说服力。此处，图书室方柱 U 与它对面角隅的方柱 T 被以相似的方式拉长。第二个非对称元素则是由佣人餐厅、卫生间及办公室构成的复合体，其中只有位于外部的角隅方柱 S、相邻的餐厅墙体以及办公室中较小的方柱对 Q 和 R 不属于对称秩序。[7] 但是，这一相当轻微的不对称可以被解读为整体秩序中非常重要的一部分。如果佣人餐厅和卫生间不在这个位置，那么，由车辆门道至厨房的过渡就会变得突兀；相对于由车辆门道、接待大厅和图书室组成的梯级型所提供的微妙过渡，这种突兀的过渡就太过冗重。[8] 佣人餐厅的具体位置创造了一个剧烈的外凸梯级，与入口处平缓的内凹梯级构成平衡。[9] 同时，将佣人餐厅的角隅方柱 S 与办公室中的独立方柱 Q 一同读解，可得到一个发生位移的体量，它为横轴旁的车辆门道提供了额外的平衡。

围绕纵向"长廊"轴线发展起来的平衡关系甚至更为精巧。这个方向上的大部分轴对称关系是围绕着一些次轴线发展而来的。定义这些次轴线的，是一个由围绕中央轴线保持平衡的一系列亭式体量所构成的系统。

首先，由大型壁炉凹口所定义的贯穿厨房和接待大厅的轴线，以及"餐厅—

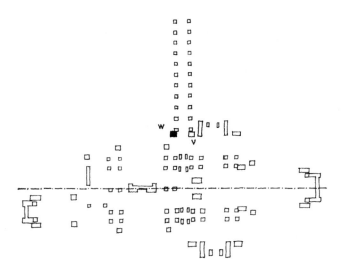

¬6　方柱 W 没有涉及横轴两侧的对称关系。

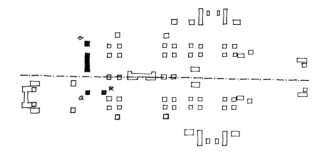

¬7　佣人餐厅、卫生间及办公室中不属于对称秩序的元素。

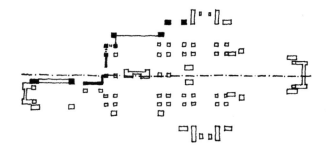

¬8　没有佣人餐厅里的非对称元素，阶梯状过渡就会变得突兀。

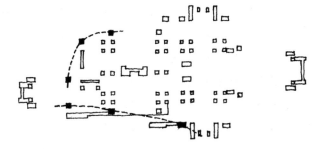

¬9　后侧外凸梯级与入口处内凹梯级之间的平衡。

图书室"轴线都可以被看作次轴线。[10] 相对于细长的"餐厅—图书室"体量，较为粗短的"厨房—接待大厅"体量距中央轴线的力臂更长，因此，如果后者在概念上的权重较轻，那么，我们就可以认为这些在次轴线上被界定出来的体量围绕主导中央轴线达成了平衡。再者，"厨房—接待大厅"体量的解读在感知上受到了弱化，因为处于中央位置的壁炉在物理层面上切断了任何统一整体的解读。另一方面，"餐厅—图书室"这一体量整体则得到了强化，因为两个房间中的两对被拉长的方柱 M、N 及 C、P 所受到的处理方式相互类似。

　　同时，在我们考虑这些元素的时候，还要结合它们与体量性辩证（volumetric dialectic）的关系，即对静态和连续这两种解读的呈现。辐射供暖单元以及它们周围的柱子可以被读解为一系列亭体，它们的韵律为静态系统提供了初始定义。[11] 这些亭体是关于横轴对称的，而我们需要探究的是它们在纵轴上的关系。首先，我们可以认为，成对的组合 B、C 及 G、F 定义了主导中央轴线；参考赖特的其他十字型住宅，上述步骤导致产生了一种碎裂的内核。[12] 在这种情况下，客厅的壁炉可以被看作因"长廊"轴线的冲力而偏离了中心。当我们将亭体 C、D 及 E、F 一同读解时，它们定义了客厅体量[13]，而当 A、B 及 G、H 被一同考虑时，它们则定义了"厨房—接待大厅"体量[14]。在这一关于横轴的语境下，它们提供了一系列静态体量，像风琴一样有规律地搏动，沿轴线方向扩张和收缩[15]。围绕次轴线形成的各房间体量之间那种受到张拉的固定的关系，与各亭体核心发出的不均匀的节拍相抗衡；它们可以被读解为一套次级槽隙序列，或者是叠落在波动起伏的韵律之上的亭体群。正是供暖核心单元与主要房间体量之间的相互交织提供了连续体量组织的初始定义。核心 A、B、G、H 可以被读解为组成了一个正方形，而紧接着的组合 B、C、F、G 以及 C、D、E、F 可以被读解为这一系列中的进一步表述。[16] 但是，我们还可以进一步将 B、D、E、G 读解为一个整体。[17] 客厅围绕中央壁炉的运转加强了这一解读。进而，参照上述两种关于供暖核心亭体的解读中的任意一种，壁炉左侧的区域都会被视为处于模糊地带。这一区域既可以被视为"长廊"轴线的一部分，又可以被看作是横轴上客厅的连续部分。这类定义连续体量的交织形式遍布了整个平面。供暖核心 A、B 及 G、H 也可以被读解

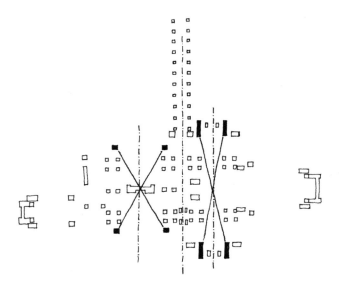

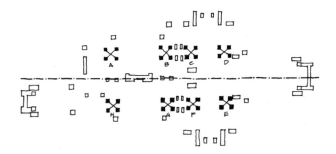

¬11 辐射供暖核心单元定义了静态系统。

¬10 次轴线的发展，以及纵轴线两侧的体量平衡。

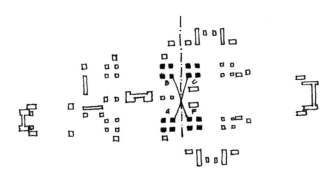

¬12 将 BC 和 FG 成组解读，它们就定义了主导中央轴线。

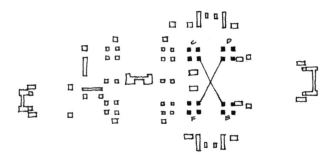

¬13 将 CD 和 EF 成组解读，它们就定义了客厅。

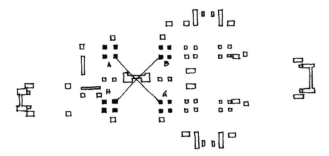

¬14 将 AB 和 GH 成组解读，它们就定义了"接待大厅—厨房"体量。

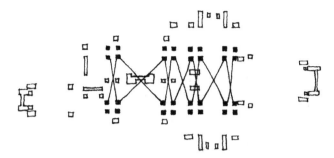

¬15 横向轴线上，一系列搏动的静态体量。

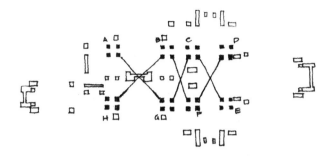

¬16 供暖核心的连续性解读：ABGH、BCFG、CDEF。

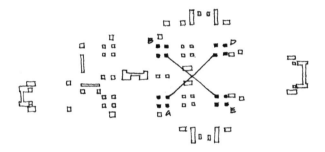

¬17 可以进一步将 BDEG 解读为一个整体。

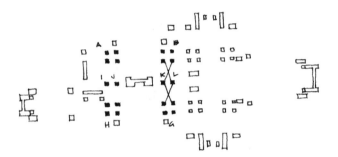

¬18 ［可以解读为］分隔接待大厅与客厅的矩形槽隙……

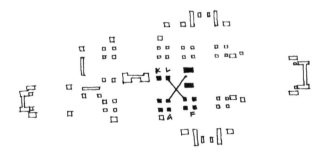

¬19 ……或者［认为它们］提供了从接待大厅到客厅体量的连续性。

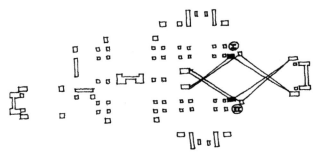

¬20 客厅和门廊的连续性解读。

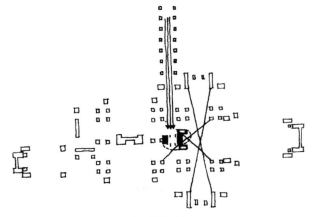

¬21 壁炉的方位反映了客厅位置的模糊性。

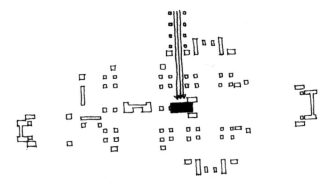

¬22 壁炉被视为一个被长廊矢量击碎的中央核心。

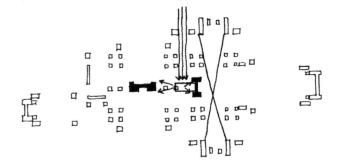

¬23 由于客厅的旋转，位于客厅一侧的半边核心转动至纵向方位。

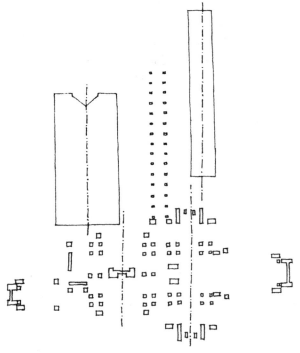

¬24 内部和外部轴线发生停断，以避免与主要轴向参照产生混淆。

为与接待大厅壁炉两侧的对柱 I、J 及 K、L 构成具体关系的次体量。这些组合为从接待大厅至客厅的过渡提供了双重解读：既可以被看成是分隔接待大厅与客厅的矩形槽隙[18]，又可以被视为由客厅壁炉与对面的供暖核心 F 所定义的立方体量，从而建立起从接待大厅到客厅体量的连续性[19]。客厅末端的方柱 I 和 II，与门廊末端的方柱 III 和 IV 的处理方式相同，但是此外还有另外一对不同尺寸的方柱 V 和 VI 也对门廊作了定义。这就使客厅和门廊产生了一种连续性解读：方柱 I 和 II 既可以被解读为客厅的终结，也可以被视为门廊的开始。[20] 这种连续体量的处理方式亦可见于与"客厅—门廊"轴线十字相交的"餐厅—客厅—图书室"轴线。由于餐厅和图书室外端的处理方式明显相似，这一体量很难不被读解为一个连续单一的整体，而中央屋顶的方向和权重也强化了这一解读。事实上，就建筑的具体形式而言，在物质层面上并没有足够的证据来体现客厅是位于横轴之上的。之前已经解读过，壁炉由于"长廊"轴线而从原来的位置上发生偏移；壁炉的朝向反映了客厅在不同方向上的模糊性。[21] 如果在一般状态的设想中，壁炉核心是处于横轴中央位置的，那么，这一核心就应被读解为被"长廊"轴线击碎后分裂成的碎片；而接待大厅的壁炉就应被视为被击碎的核心的另一偏移部分。[22] 由于客厅体量从一轴向另一轴发生交替旋转，位于客厅的那一半核心随后转动至纵向方位。[23] 我们可以在各个单一体量中看到方格状交织和定向切割，由此可以从这些多重表述中发展出一种网格叠置。

有趣的是，赖特保持了各条次轴线在由里向外这一过程中的停断，从而否定了内外部之间在概念层面上的连续性；而内外部之间的连续性是对他作品的一种常见解读。如果这种统一性被视为一种高于一切的状态，那么，这样一位如此依赖轴向形式的建筑师似乎会将次轴线向外延续。然而，在内部形式状态受入口轴线影响而发生最初的形变之后，它就已经被赋予最首要的地位。事实上，如果向外部延续次轴线的话，次轴线就会得到强化，进而对主横轴和主纵轴造成混淆。以上论点可以从下述两点中看出：在"餐厅—图书室"轴线与右侧"长矩形花园"轴线对接时发生了停断；而左侧"花园"轴线可以被视为"厨房—接待大厅"轴线发生错位的结果。[24]

库恩利住宅

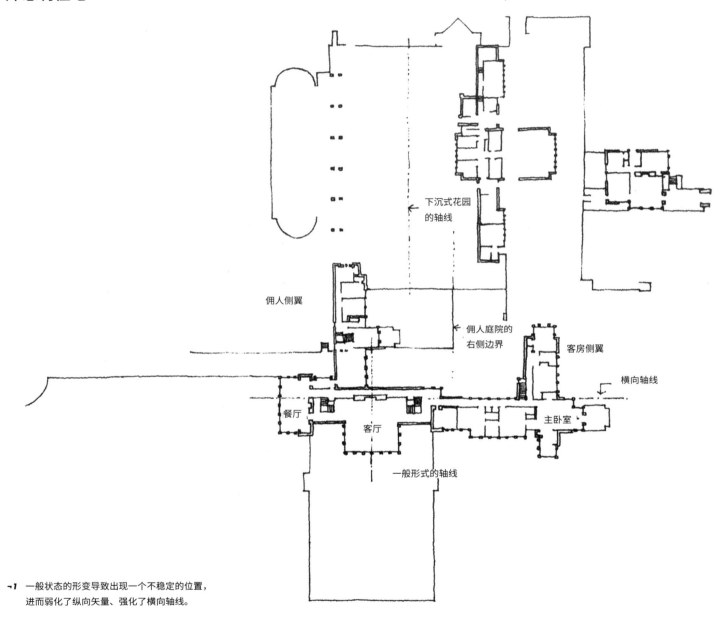

佣人侧翼

下沉式花园
的轴线

佣人庭院的
右侧边界

客房侧翼

横向轴线

餐厅

客厅

主卧室

一般形式的轴线

-1 一般状态的形变导致出现一个不稳定的位置，
进而弱化了纵向矢量、强化了横向轴线。

库恩利住宅的发展方式在赖特的轴向线型平面规划中是较为自由的，因为它较少受到组织方式的制约。就体量单元的应用及秩序而言，它几乎是马丁住宅的简化版。但是，由于库恩利住宅中对轴向布置更为微妙的运用，以及连续和静态的体量秩序的交织，从某些方面来说，它又是一个更为成熟的版本。最初，对称轴似乎是贯穿客厅体块的中央纵轴。然而，该轴线受到卧室亭体的牵拉而发生易位，最终移动到一个非常弱势且浮而不定的位置。由于在感知上没有得到固定，这一主轴线，或者说参照面继而产生了波动——除非将佣人庭院的右侧边界或者下沉式花园的中央轴线视为对一般状态发生易位的外部体现。这一不稳定的位置所带来的效果是，纵轴几乎被否定，与此同时，横轴则得到了强化。[1]并且，它还再现了由一般形心形式到具体线型形式的演进过程，这在概念上与马丁住宅中的演进方式相似。[2]如同马丁住宅的情况一样，赖特并不在意动势系统的秩序；事实上，库恩利住宅中的流线往往斗折蛇行，迂回无比。只有从体量组织的表述中，才能看出赖特的具体语法是受到系统化控制的。这里，系统同样是伴随着静态和连续体量之间的交织而发展起来的，虽然不及马丁住宅中方格状交织的精巧程度。库恩利住宅可以被视为一系列亭体，它们在垂直和水平方向上都是参照同一水平绝对基准而布置的。这一绝对基准表现为两个水平层面：缓坡水平屋顶层，以及界定二楼楼面的束带层（ string course）。[3]第一层水平面可以被读解为与亭式体量相互分离，这里亭式体量被视为"体块"或"被削减的实体"。第二层水平面有多处被水平突出结构打断，这些水平突出部分与垂直亭体的处理方式不同——它们由马赛克瓷砖覆盖，产生一种有别于实体垂直体块的透明性解读。这些水平部分一直由垂直部分所支撑且不接触地面，以一种特殊的方式打断了水平束带层。

最初，库恩利住宅表现了一种从形心型一般状态中演化而来的线型内部需求。该形心型一般状态与两条街道呈正交关系，并被入口车道所形成的外部矢量所击碎。该车道相对于两条街道分别具有两种不同的方向性；方向不同，则关于一般状态形变的解读亦不相同。如果动势来自左侧，那么，客房和佣人侧翼可被视为沿此矢量方向发生位移。[4]反之，如果动势来自右侧，则可认为客房侧翼偏转至当下位置；由此产生的旋转将佣人侧翼牵拉至其具体位置[5]。在这两种情况中，

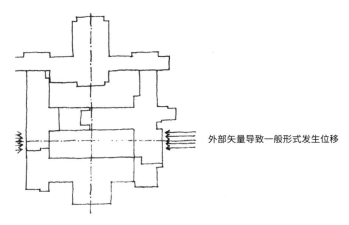
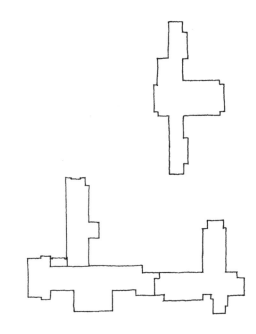

外部矢量导致一般形式发生位移

⌐2 由一般形心形式向具体线型形式的演进。

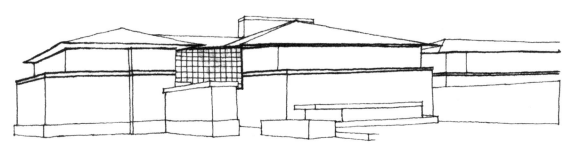

⌐3 屋顶层和二楼束带层定义了水平绝对基准。

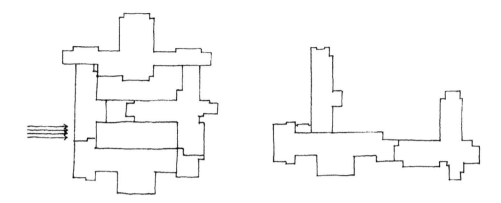

¬4 如果动势来自左侧，客房侧翼和佣人侧翼会沿该矢量
　　方向发生位移。

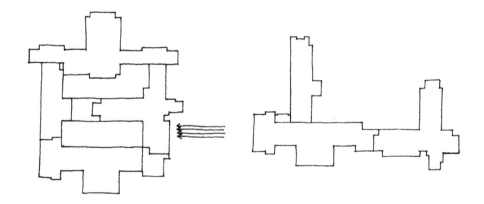

¬5 如果动势来自右侧，客房会偏转至其具体位置，
　　这一旋转进而将佣人侧翼牵拉至其具体位置。

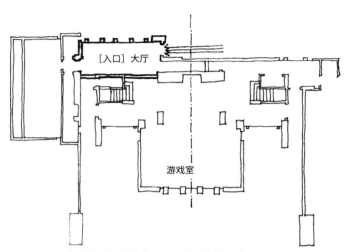

¬6　入口大厅由中央位置发生位移，进而体现了入口矢量。

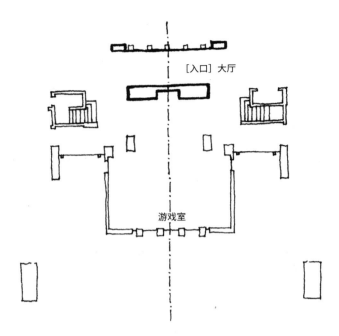

¬7　从该体块的强轴对称性中看到一般性参照。

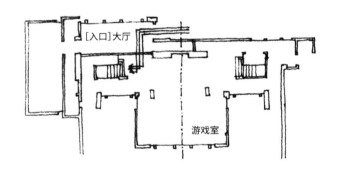

¬8　转向后的动势旋即又被倒转过来。

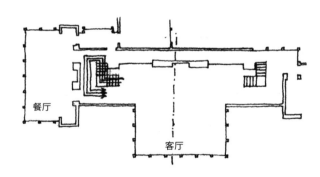

¬9　动势在楼梯上段再次改变方向，且没有在体量系统中得到体现。

均将产生一条外部横轴,与最终形成的线型建筑平行。如果从右侧进行考虑,那么,一般形式的两侧会将车道切割两次,从而弱化它的方向性。但是,真正令人棘手的是车道至建筑的过渡。首先,有必要体现外部轴线的冲力。该矢量使入口从一般状态中央轴线位移至其当下的位置。[6] 根据亭体的强轴对称性,以及分列两侧的楼梯间塔楼,我们可以推测,进入一般状态的入口曾位于中央纵轴之上。[7]

通过一个由半梯级体量构成的系统,入口动势从人行道和车道上断开,在未转向的情况下进入建筑。入口矢量通过产生偏移而进入建筑,导致入口大厅从中央纵轴的位置发生位移。然而,促成垂直动势的转向动作着实让人困扰,因为转向后的方向旋即又被扭转,通往向上的楼梯。[8] 而且,上述两次转向均没有在体量秩序中得到体现。在楼梯上段,动势再一次改变方向,且又没有在体量秩序中得到体现。[9] 再者,此处并没有设置任何元素以促使动势从楼梯上段开始,经过两次额外的 90 度转向,进而转入客厅主体量。只有把楼梯和画廊均当作体量秩序而不是动势系统的一部分,以上转向才能在形式层面上得以成立。在这一解读中,楼梯体量可以被设想为两组亭体之间的连接体:水平坐标上的餐厅和客厅,以及垂直坐标上的入口大厅和客厅—餐厅。[10] 另外,就水平方向而言,楼梯体量为底层的泳池露台和游戏室之间提供了衔接。如此一来,这些亭体就可以被读解为一系列相互叠插的盒子,它们之间不需要任何次级动势系统作为衔接。界定每一个盒子的是其正面垂直坐标上的平面,以及正交坐标上成对的大纵深方柱。[11] 这就使得相互嵌合的各个体量之间产生了张力;方柱如同砝码一般被拉离平面,进而形成了上述体量。在二楼的水平向解读中,两侧的楼梯井只比地面高出数英尺,如此一来,两侧的画廊可被共同读解为一个贯通客厅的单一体量,且它们的表述仅体现于屋顶具体形式的变化之中。[12] 西端楼梯井两侧的画廊延伸进入餐厅,使这一体量呈方格交织状,并将其与连续秩序关联起来。然而,这些体量并不应被读解为完全连续的,因为餐厅的壁炉为横向矢量提供了感知上的停顿。一道实体槽隙进一步将餐厅从楼梯亭体分离表述出来,并再次弱化了横轴,从而使餐厅获得一种类似于底层体量组织的解读;同样,餐厅的玻璃部分可被读解为是从这个围合槽隙中抽拉出来的。于是,我们在这里可以看到连续和静态这两种体量

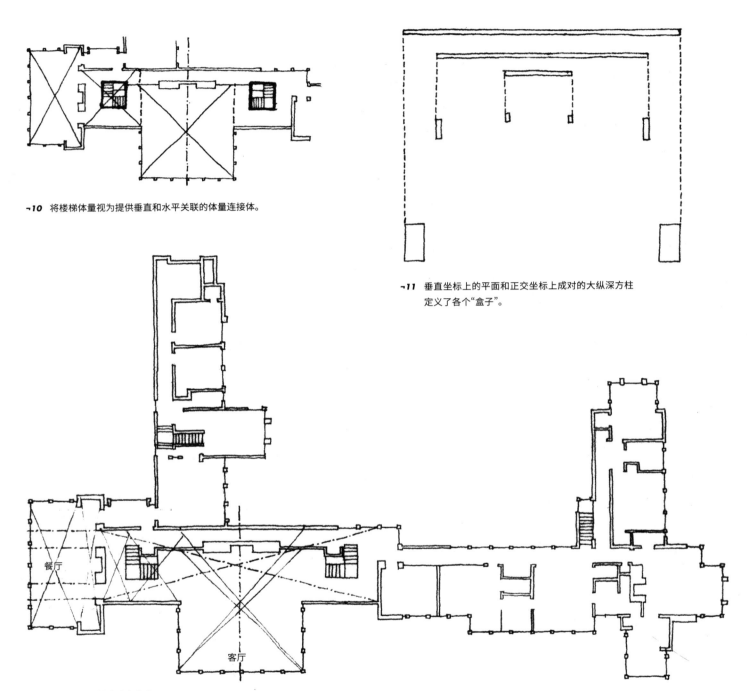

¬10 将楼梯体量视为提供垂直和水平关联的体量连接体。

¬11 垂直坐标上的平面和正交坐标上成对的大纵深方柱
定义了各个"盒子"。

餐厅

客厅

¬12 连续秩序和静态秩序的表现。

组织的初始发展，这一秩序中的每一部分均可被同时读解为另一系统的一部分。

上述有机复合体的对称性组织提供了一种一般性解读，从中可以得出关于其余形变的诠释。必须说明的是，为了保留此一般参照并将其作为具体形式的感知基础，那么在该构想中将存在一种出于功能考虑的先后倒置。虽然东侧楼梯从形式意义上讲与西侧楼梯有着相同权重，但却具有不同的功能性权重。若自入口开始，除了可以通向卧室侧翼之外，该楼梯似乎并无其他用途。但它还可作为次要楼梯使用，将泳池露台和游戏室与卧室侧翼连接起来。所以，一般状态中的对称性对赖特来说必定十分重要。的确，应当认为保留对称性的做法为一般参照提供了感知关联。但是，该一般状态的中央纵轴不应被看成是平衡所有非对称元素的支点（fulcrum）所在。事实上，不存在平衡，也不存在感知上的停顿点；整个建筑构成似乎处于一种波动起伏、不断转变的漫无目的的模糊状态。不过，只有在分析了所有的形变之后，才能理解它们与整体之间的不明确、碎片化的关系，而这必须被视为是马丁住宅中那种紧凑并具有建筑构成特征的整体的反题。

首先，为了理解这些形变，我们必须思考一般状态的图解。通过在具体形式中包含某些有关一般状态的参照，可以得知该状态的有效性。我们既可以认为卧室侧翼是沿横轴方向被拉离主体块的，也可以认为是入口矢量使其从一般状态发生了偏离；这两种解读均取决于外部轴线的方向。[13] 主卧室和客人套房可以被读解为与餐厅和佣人侧翼处于对等状态。前述轴向拉力亦使佣人侧翼从其一般位置发生位移，且可以认为入口矢量亦将其切割开来。但是如要坚持这一解读，那么卧室侧翼的具体构型就必须受到质疑。主卧室中的壁炉以及从中抽拉出来的体量可以被认为与餐厅达成了明显平衡。同样，可以将一般状态中的横向卧室套房读解为原本位于客厅下方。这两间套房的投影长度等于与客厅相连的亭体的长度，进而加强了上述解读。[14] 从主卧室位置沿纵方向拉离开来的小型亭体，以及最后一间客房末端的处理方式 [15]，皆体现了整个复合体的分解和弱化。最初，该侧翼可被读解为一般形式的一部分，且明显旨在成为某种精巧平衡关系中的一部分，但是，在具体状态中却看不到任何有关中轴的明确参照。正是这一参照的缺失导致了解读的模棱两可，并且整个卧室侧翼因此显得不固定。我们可以认为该侧翼

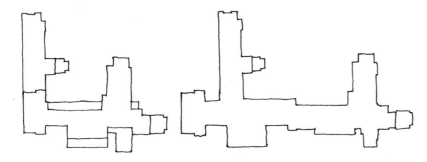

¬13 如果动势来自左侧，那么形变便由这一矢量的冲力所导致。

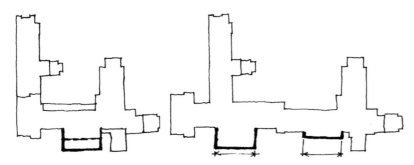

¬14 一般状态中，客厅下方卧室的投影位置。

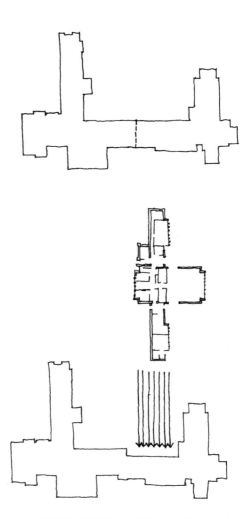

¬16 来自马厩的压迫力使得卧室侧翼发生位移。

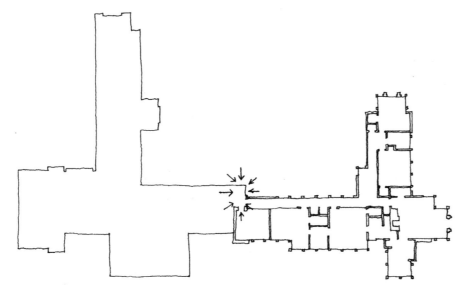

¬15 卧室侧翼分离处让人困恼不堪的接合。

仍在滑动，且可以被推回原处；并没有迹象能够解释为何它的动势会止歇于当前的状态。可作为一种直接参照的是客厅主体量与卧室体块之间的接合处，它是一般状态发生偏离时的支点。[15] 出于将体量秩序与动势秩序在这一位置上相结合的期望，产生了一种无法读解出任何平衡轴线的、让人困恼不堪的接合处。卧室侧翼的易位尤为关键，该易位可以部分归因于"车库—马厩"体块从其作为中央庭院闭合边的一般位置上发生扭转时所产生的压迫力。[16] 如同阿尔瓦·阿尔托的珊纳特赛罗市政中心以及塔林美术馆，这一体块的易位亦源于入口矢量的冲力。有趣的是，在阿尔托的两个方案中，易位并没有模糊其形心形式，但在库恩利住宅中，形心参照却演变成了线型解读。

关于系统化发展方式，可以说，赖特是承认句法的——但只有在它能够辅助其复杂语法的前提下。在马丁住宅中，由于具有强力的系统控制，句法和语法均可得到协调；而在库恩利住宅中，不断变化的语法则削弱了其强力的初始秩序。

阿尔瓦·阿尔托
ALVAR AALTO

在分析任何形心型内院方案的概念演化时，需要承认其发展的三种不同基础。在第一种类别中，一般形式的演化是对内部建筑设计任务的直接回应；这可以说是一种功能性的衍生。这种秩序有可能暗示出某种中央主体量以及一系列相关的次体量；主体量可以是"正形的—闭合"的，比如大厅或礼堂，也可以是"负形的—开放"的，比如内院。这两种情况均假定形心型组织为内部功能的主要需求。圣伊利亚幼儿园就是第一种类型的例子。

在第二种类别中，内院是从功能和形式的共同要求中演化而来的。功能需求如前述情况一样产生了内部秩序，而为了协调内外条件之间的矛盾，则产生了形式需求。更具体地说，这些条件的产生是出于以下两种需求：使外部轴线得以终结于内部秩序的需求，以及如何解决由单一入口进入形心形式这一问题的需求。由此得来的法西斯宫和珊纳特赛罗市政中心的系统就反映了功能要求和形式要求的共同影响。

在第三种"内院"方案的类别中，有关一般形式的假定是出于纯粹的形式原因。在这种类型的解决方法中，"内院"的用途并不是其内部功能的主要需求。后文将会详述的柯布西耶的拉图雷特修道院以及阿尔托的塔林美术馆项目均是这类解决方法的范例，这两个案例都体现了这些形心型发展方式的非实用性特征。这在形式上表现为水平绝对基准的形变，而根据定义，这一水平绝对基准正是"内院"方案中的主导参照。在拉图雷特修道院中，中庭是由水平基准扭转而来，且得以从建筑下方溢出。这种扭转是针对系统化风车型发展方式的形式回应；更具体地说，它平衡了小礼拜堂体块中受钳制的旋转运动。

下文挑选了两座建筑进行探究，用以阐释阿尔托作品中的系统基础。由于这两座建筑演化自相似的内部条件，因此，源于同一语法的两种具体形式之间的差异，可以被归因于各自案例中用于传达概念基础而所运用到的系统化秩序。

阿尔托所用的具体语法或许比之前讨论过的两位建筑师的语法更难理解，因为缺少显而易见的感知秩序，其作品给人的第一印象就是欠缺系统化秩序。但是，诸多因素显示出，在他所使用的具体形式中存在非常严格的秩序化过程，因而任何草率的漠视都是不可取的。

柯布西耶和特拉尼的系统化发展均涉及一种立体主义思想，即对主导表面或主导投影面（dominant surface or picture plane）的强调，同时伴随存在着"体块—表面"这一辩证关系。而阿尔托所关注的则是作为"体块"的每一个楼体的位置，以及它与相邻楼体之间的关系，进而，从某种意义上来说，产生了一种不断变化的投影面。在柯布西耶和特拉尼的作品中，感知秩序亦提供了概念上的明确性，因为二者主要关注的均是平面系统（planar system）的发展，感知上的明确性从单一视点便可一目了然。然而在阿尔托的作品中，情形刚好相反，因为不断变化的平面参照使得从静态视点出发的感知理解变得几乎不可能实现。但是，阿尔托在珊纳特赛罗及塔林这两个项目中均体现了某种水平绝对基准，并将其作为任何"内院"方案中的必要关联。在接下来的分析中我们将看到，阿尔托通过建立体量及动势这两个系统与水平坐标之间的关系，同时运用不断变化的垂直参照，进而体现了这种水平基准。对于阿尔托，为具体形式的可理解性提供秩序的一般条件就是其建筑的概念基础。

　　阿尔托的系统在本质上是与柯布西耶系统相似的复合体，它们由一个主导体量秩序和一个次级动势秩序组合而成。在珊纳特赛罗项目中，这两种秩序均属于形心型发展方式，但是在塔林美术馆中，体量秩序属于形心型，而动势系统则属于线型。但是，在这两个项目中，各一般形式中的初始形变均源自"如何由单一入口进入形心形式"这一问题的句法解决方案。

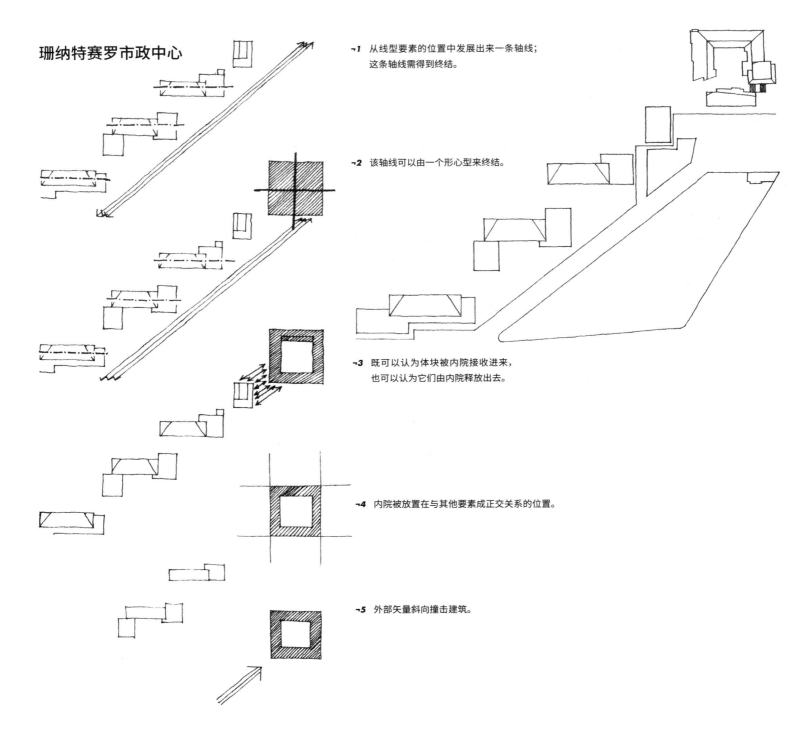

珊纳特赛罗市政中心

¬1 从线型要素的位置中发展出来一条轴线；
这条轴线需得到终结。

¬2 该轴线可以由一个形心型来终结。

¬3 既可以认为体块被内院接收进来，
也可以认为它们由内院释放出去。

¬4 内院被放置在与其他要素成正交关系的位置。

¬5 外部矢量斜向撞击建筑。

珊纳特赛罗市政中心系统性地回应了内部的形心要求与外部的线型条件之间的矛盾。这里的句法要求与法西斯宫十分类似，所以让人感兴趣的是，具体系统及其特定语法应当如何回应这些条件并逐步演化。

阿尔托最初选定的"内院"方案似乎源自功能和形式两方面的需求。阿尔托自己曾表示，内院是由功能方面的考虑决定的。然而，这个建筑的规划设计中，有一系列要素足以表明，"内院"的出现不仅仅出于功能原因，还有形式方面的考虑。首先一个可能的构想是，把塔楼体块放置在中央，使次要功能体块环绕在这一主导要素周围。再一个可能的策略是，中庭仅作为交通流线的主要方式——类似的情形也出现在新凯斯学院公寓中。不过，实际结果是，珊纳特赛罗的"内院"方案并不是上面提议的两个办法中的任何一个。因而，对于这个"内院"，我们必须从其在形式层面对既有条件的回应这一角度来详加审视。

在场地方案的发展中，阿尔托首先创造了一系列沿着斜向场地排列的线型居住体块。关于这一外部矢量，必须要么确立一个起始点，要么确立一个终止点。⌐1 而形心形式即可作为这一外部轴线的终止。⌐2 继而可以把内院构想为一个容器（receptacle）或集水池（catch basin），它要么把线型体块接收进来，要么将它们释放出去。⌐3 市政中心被放置在与诸线型要素成正交的位置。⌐4 这么做有两个直接后果：首先，通过对正交网格的体现，建筑的位置得到了确认；其次，这导致外部矢量与建筑沿斜向相交。⌐5 基于前者，可以发展出一种体量化螺旋，同时避免在概念层面上将建筑物解读为是可随这一螺旋运动而旋转的。后者则化解了外部斜向状态与内部条件之间的矛盾，可以认为，这正是确定和理解建筑具体形式的一个首要考虑因素。我们可以参照一般先例（generic antecedent）来理解那些造就了建筑特定形式的形变以及这些形变所受的控制。在此，一般状态的最初形变解决了两个句法上的难题：对外部压迫力的体现，以及对形心形式的单一入口的控制。

为了达成从外到内的过渡，对形心形式的打破乃是必须。我们可以将这一打破理解为一般状态的初始形变。第一步要做的，是假定一般条件的存在，这是对内部和外部需求的初始回应。内部的功能布置暗示出一个中间部分被切除的纯

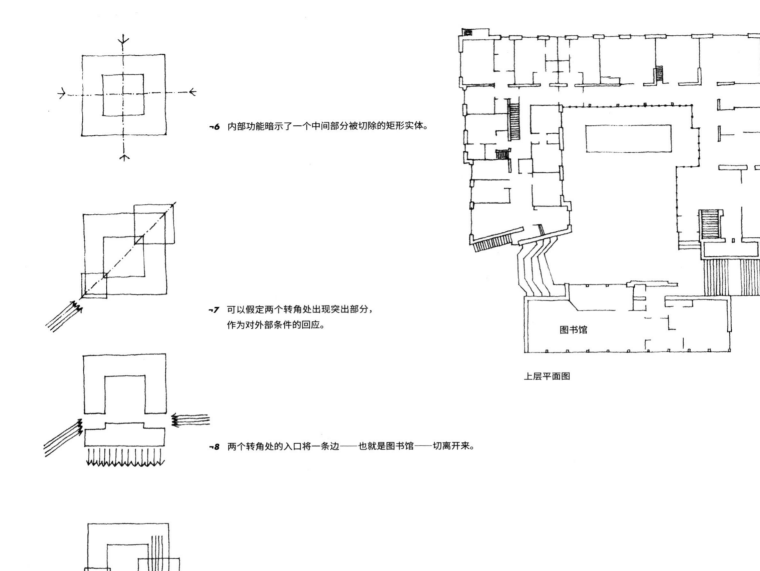

¬6　内部功能暗示了一个中间部分被切除的矩形实体。

¬7　可以假定两个转角处出现突出部分，
　　作为对外部条件的回应。

¬8　两个转角处的入口将一条边——也就是图书馆——切离开来。

¬9　主转角塔楼被拉至它现在的位置；
　　外部轴线进入内院时发生扭转。

图书馆

上层平面图

粹的矩形实体 ⌐**6**；而作为对外部矢量的回应，就有了两个转角处的突出部分：立方体上的两个凸起一大一小，使得一般状态中的轴线在此终止 ⌐**7**。

仅仅这样的话，它尚未包含任何动势，因此必须通过某种方式使之产生形变。如果把入口设置在任意一条中轴线上，就会导致产生数条多余的进出通道。但还可以把出入安排在两个转角处，这样一来就把一整条边从中央的复合体上切了下来；这一方案更为合适，整个系统即由此发展而来。⌐**8** 这一系统使得形式句法和建筑内部功能之间的调和具有了秩序：主入口可以被布置在主要的外部流线附近，被分离开来的侧翼进而显得更加重要。将一条边从一般体块上割离的做法是对斜向的外部轴线的体现，同时也确证了动势矢量的存在。

这两条"力线"（lines of force）的压力迫使图书馆体块与内院分离开来，由此产生的该体块的拉力作用进而导致了一般形式的初始形变。主转角塔楼被拉至它现在的位置，并同时定义了主入口的所在。⌐**9** 如果不做这样的假想，那么图书馆体块与方形内院的剩余三条边的位置关系就会显得相当随意且并不稳定。即便如此，它的最终位置与任何一条纵向或横向的主要轴线的关系都不是固定的。在这个主转角塔楼对面，内院西南侧转角处的形变则表现得更富戏剧性，体现出这个转角本来已经受到斜向轴线的外部制约，现在则被直接撕裂。在由此产生的具体形式中，由图书馆的拉力所引发的分裂效应和扭转效应都得以彰显。沿着斜向轴线的方向，西侧体块的末端被参差不齐地切成两部分，这两部分之间容纳了一个通向上层公寓的次要通行道。此外，较长的楼梯也以类似的方式发生形变，体现了因主要斜向轴线的弯折而产生的剧烈压迫感。图书馆体块朝向内院转角处的屋顶也回应了斜向矢量的这一扭转；这些感知层面的形变明确了具体形式的概念基础。⌐**10** 有趣的是，图书馆和主体量西端的斜向形变在（阿尔托的）体块模型中并不明显，这进一步强化了我们的假定：实施这些切割操作是为了给形式系统提供一种感知层面的清晰性。⌐**11**

这样一来，图书馆体块的最终形式就被赋予了双重的解读。它的屋顶以一种与内院其他三边类似的方式倾斜，以此达成了对内院的一种感知层面的参照，唯一的细小差异在于上文已经论及的形变。然而，如果把屋顶取走，从内院的地平

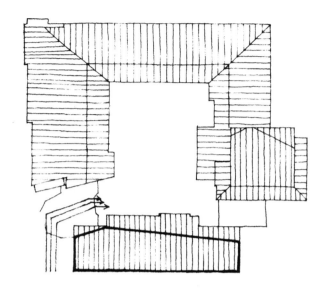

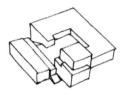

¬**10** 图书馆屋顶回应了斜向矢量的扭转。

¬**11** 斜向矢量所导致的形变
在体块模型中并不明显。

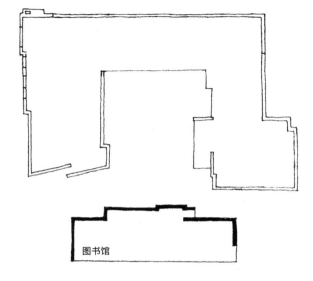

图书馆

¬**12** 图书馆朝向内院一侧的立面的不透明性质，表明这一体
块由其一般状态发生了反转，只有屋顶保留在原初位置。

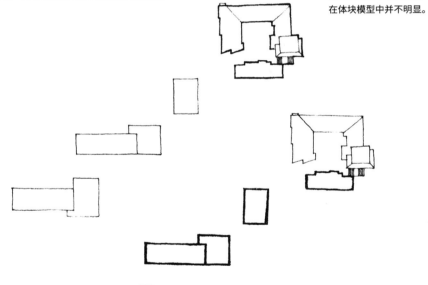

¬**13** 现在可以将图书馆读解为内院的一部分，
或者是斜向序列中的最后一个要素。

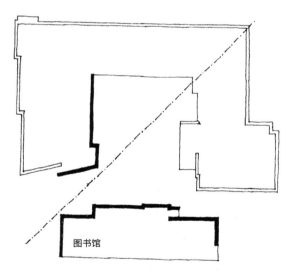

图书馆

¬**14** 图书馆的不透明内侧立面与相邻的西侧体块的不透明
立面一同读解，呼应了最初的一般条件。

高度上看过去，图书馆体块似乎是背向其他部分的。朝向内院的内立面玻璃到了图书馆体块这里戛然而止，图书馆体块朝内的墙成了不透明的，玻璃反而是在朝外的墙上，显示了体块的一种易位翻转。[12] 这就在概念层面使得图书馆体块既可以被读解为内院的一部分，也可以被视为线型体块的斜向序列的最后一个组成部分。[13] 这样，图书馆朝内一面的不透明性与西侧体量的不透明内立面协同起来，在一定程度上呼应了一般状态中存在的斜向条件，而北侧及其相邻的东侧内立面则是透明的。[14] 图书馆内侧立面的阶梯状特征进一步体现了该体块的翻转。如果认为这个立面最初位于外侧，那么它就跟西侧体块外立面的阶梯形相类似。这些表述亦不曾出现在竞赛模型中，这使得形式层面的归因更为可信。

因此，具体形式的首要秩序起于形心体量组织的形变。另外，体量布置还被施加了一个次级秩序，从而完善了这一复合系统的发展。这个秩序是一个螺旋动势系统，可以与柯布西耶在瑞士学生会馆中使用的类似系统作一比较。在那里，螺旋可以被诠释为对某种行为模式——人群的活动——的控制。人群的活动是在建筑的构造[1]之外的，却因建筑的存在而在观察者处得到强化。在瑞士学生会馆中，螺旋的运动并没有将体量的秩序关系转换到一个单一的参考平面上。而对阿尔托来说，螺旋动势是作品本身的一个特质：通过在感知层面上对一般螺旋型的参照，达成对体量布置的控制。因而，这个螺旋的组织结构就被赋予了一种如画（picturesque）的特质，因为体量的秩序指涉了一个不停变化的垂直投影面。

市政厅所在的主塔楼是动势系统中的关键要素，因为它提供了旋转运动的固定起点。[15] 平面上，这个塔楼包含两个相互咬合的矩形：内侧的矩形从底端到顶端全程未受干扰，充当了锚固要素（pinning element）；而外侧的矩形则可以读解为是从塔楼里旋绕出来的，并开启了逆时针的螺旋运动。内院周围其他体块的体量布置提供了一种感知层面的定义，强化了螺旋的解读。东侧体块的展开与旋转可以从其外立面上缘的凹槽中推断而来[16]；这些渐短的凹槽为体块赋予一种递退的特征，导致它的右端似乎脱离了正交的参考平面；这种脱离投影面的旋转特质与拉图雷特修道院的小教堂体块中的所见颇为类似。

螺旋运动始自塔楼，可以被看作是一种逆时针、向心式的动势；所谓向心式

1 译注：此处"构造"（fabric）指"建成之物"，应区别于涉及结构、材料、施工等操作手段的"建筑构造"（architectural construction）。

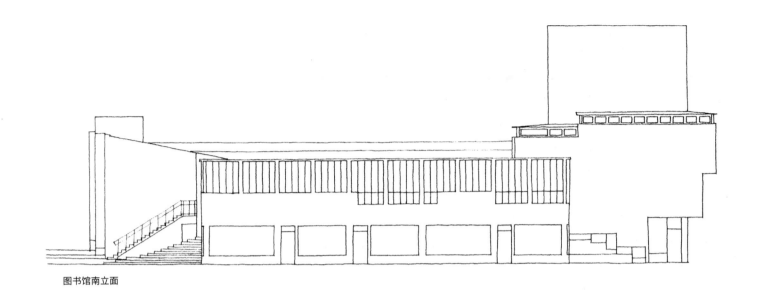

图书馆南立面

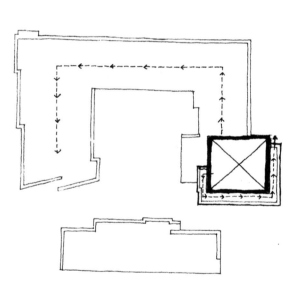

¬15 主塔楼是螺旋的固定起点。内侧的要素起到锚固作用，
外侧的要素则从塔楼旋绕出来，由此开启动势。

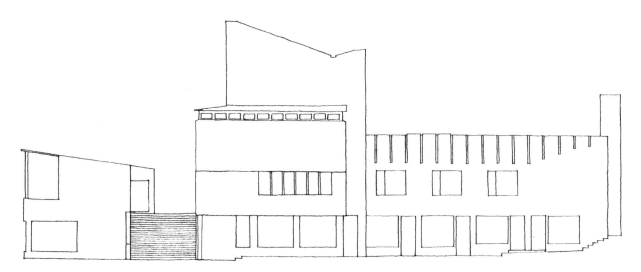

¬16 东立面上缘凹槽显示了螺旋的展开和旋转。

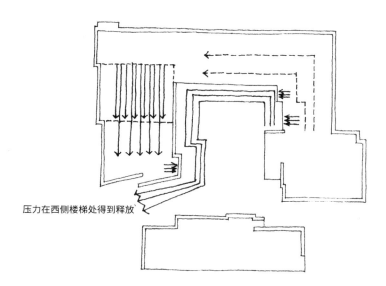

压力在西侧楼梯处得到释放

¬17 螺旋呈向心式运动，向内院这一负体量施加压力。
      西侧翼体块被读解为是从北侧翼中拉拽出来的。

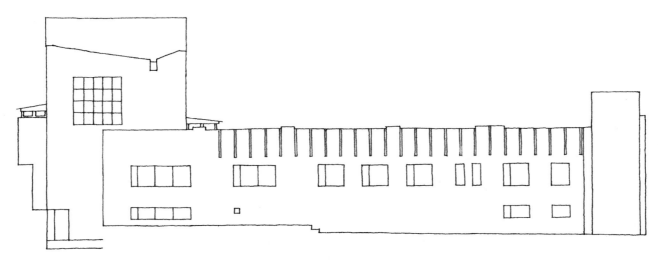

¬18 北立面

玻璃的布置阐明了［螺旋的］展开运动。

从窗户中读解出一种不断递减的秩序：3½，2½，1½，1。

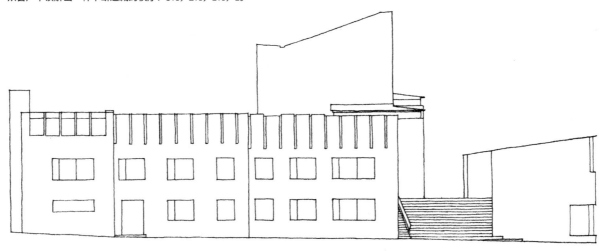

¬19 东立面［此处应为西立面］

体量的内错。亦可从窗户中读解出序列：2½，1½，1。

通过让序列从 1 重新开始，使得螺旋在末段终止。

是指其运动逐渐向内，在内院负体量中造成压迫力。[17] 第一个内向运动见于内院的东北转角处，此处内部体量被进一步加宽。西侧体块的外侧两次内错，帮助定义了展开中的体量化螺旋。读解这些内错的体块，就好比读解一个望远镜的组成部分：可以认为体块是从内院北侧拉拽出来的。螺旋的终止由西南端的钝化所达成。由此产生的突起同样增加了内院中的压迫力，它可以被视为这一转角处最初锚固的剩余物。内院负体量中的压迫力的积累由于西立面的切开而得到缓和，允许了内院中多余压力顺着楼梯外溢。

北侧与东侧立面的玻璃布置使展开中的螺旋运动获得了更多感知层面的清晰性。在北立面上，一个个单独的窗沿螺旋运动的方向呈现为一种递减的秩序，形成序列：3½，2½，1½，1[18]。在东立面 [此处应为西立面] 上，除了体量的内错之外，这里的窗户也呈现出序列：2½，1½，1[19]。必须留意的是，东立面最后一部分的玻璃为螺旋运动提供了一个感知层面的终止处；这里，序列从 1 重新开始，进而发展为 1½ 和 2½。此外还有两处较次要的标记，它们使得螺旋型系统的诠释更为可信：其一，内院中并没有对转角作出任何明显的定义；其二，整个内院缺乏任何感知层面的参照。在第二点中，我们看到了一种有意而为的微妙的模糊性。任何一种对内院解读的否定，都将使得我们难以按照十字形方格系统进行诠释，这反过来进一步强化了内院的螺旋型特性。然而，一组由异面直线（skew lines）构成的秩序似乎在感知层面上将内院的对边节点相互连接了起来。[20] 这一点体现为，若试图以正交网格来阅读内院平面，那么对侧节点之间总会出现一个相似程度的错位。不过，这就再次提出了图书馆体块与螺旋型系统的位置关系问题。从主塔楼开始看，图书馆只可能朝着螺旋其余部分的反方向运动。或许可以认为，这个分离出来的体量就像由入口处的轻型藤架固定在塔楼上的风车叶片一般。[21] 如果要进一步深化这一解读，那么我们可以认为图书馆正在朝着螺旋末端的方向旋转，旋转的结果促使西侧的楼梯产生了形变。不过，这种诠释并不能反映之前述及的图书馆的易位翻转，也未体现一般状态中动势方向所发生的相应的变化。此外，任何此类诠释必定都需要预设一种晦涩的、复杂的系统化发展方式。

外部流线包括一个自东入口起始的非常紧密的顺时针螺旋。然而，始于主塔

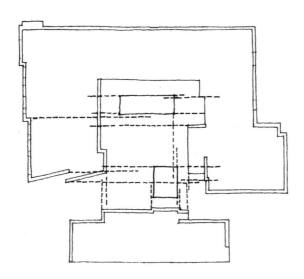

¬20 一组由异面直线构成的秩序似乎将内院的对边节点
相互连接起来。

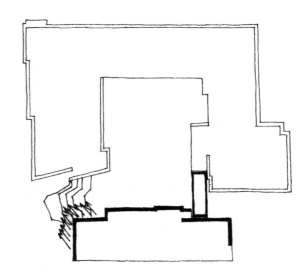

¬21 将图书馆解读为犹如半完全风车上的叶片一般
由藤架固定在塔楼上。

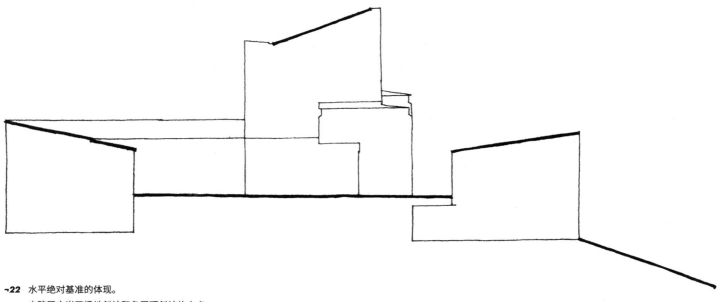

¬22 水平绝对基准的体现。
内院层充当了场地斜坡和各屋顶斜坡的支点。

楼一般位置的运动产生了一股压迫力，压缩了该次级动势系统，并且实际上使其方向变得与主螺旋的方向相一致。藤架顶将外部流线和入口连接起来，同时使外部动势止于此处，以阻止它越过主体块、穿过内院。这一藤架顶可以被解读为将具体形式统合为一体的一种尝试。连接南侧和东侧外立面的条带（banding）进一步为内院提供了一种感知层面上的纽带。这两个立面的地面层门窗玻璃可以解读为一层连续的透明条带，尽管它被入口矢量割断。此外，东立面上的逐层削减 [2] 暗示了一种平面状体量的递进，从而体现并允许了入口的存在。

最终，我们还必须虑及这一系统在横向上的体现。阿尔托利用内院作为平衡场地斜坡以及各个坡度不同的屋顶的支点（fulcrum），为内院赋予某种绝对性。[22]

2　译注：对照南立面的右侧轮廓可知，这里的逐层削减（cutting back）指东立面在纵向上的变化。

塔林美术馆

¬1 线型美术馆需要一对出入口
以避免冗余的动势。

¬2 单一入口的要求
暗示了形心形式。

¬3 一般形式：中央挖空的矩形体量。

¬4 一般形式：两个水平 U 形体量，
分别代表公共和私人区域。

¬5 动势系统和体量系统结合产生螺旋。

¬6 螺旋型动势提供了初始的体量分层
（将体量分成薄层）。

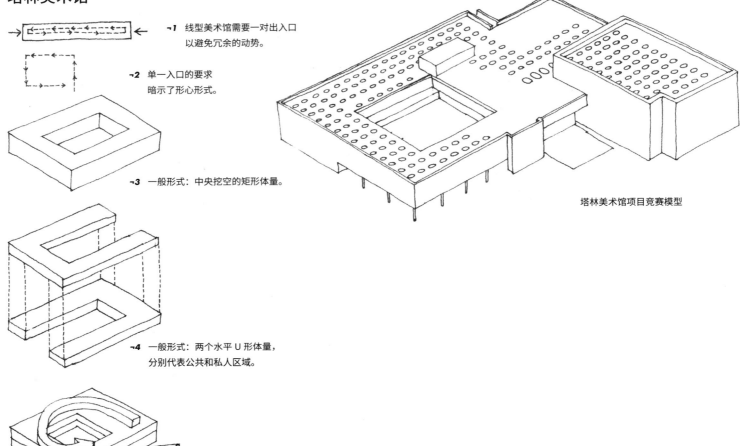

塔林美术馆项目竞赛模型

在塔林美术馆项目中，阿尔托发展出了一个对体量和动势施以控制的复合系统。他化解了这两个系统之间潜在的对立趋势，将它们置于一种辩证状态之下；处于主导地位的，可以是动势，也可以是体量。一方面，可以认为一般性体量秩序因动势系统而发生形变，而另一方面，也可以认为体量秩序是从这一动势的控制中演化而来的。不论是哪种情况，本方案作为形心型"内院"的演进似乎主要是基于形式原因的。它的形心形式最初来自于建筑设计任务的要求，这一点就跟所有的系统性衍化一样，但是由此产生的内院却仅仅是对一般状态的一个形式层面的重提；内院并不能被视为最终方案在功能上的必须。要是有人将该内院认为是实用的，这种说法会因为内院和公共功能之间缺乏通道而不攻自破。通过使内院向周围的公共绿地开放而将内外连接起来，这似乎也无非是一个"如画"和图绘的概念（a "picturesque" and pictorial notion），因为跟内院的这种连接与美术馆的内部组织或功能其实并没有什么关联。为内院赋予了"存在的理由"（raison d'etre）的，似乎更像是出自形式层面上的考虑，即螺旋必须有一个确定的中轴。

这个建筑的具体形式是从对单一入口问题的句法处理演化而来的，不仅如此，连一般状态本身也是从这一句法中派生的。最初，美术馆的组织方式源自其内部对人群运动的控制，它可以是线型的，也可以是形心形式的。然而，就流线组织而言，前者需要一对出入口来避免冗余的动势。[1] 由于只有一个主导外部矢量，很显然，动势系统应该以某种方式绕转回来、首尾相接，这样就暗示了一个形心形式。[2] 因而，可以将一般体量形式假定为一个中央挖空的矩形体量。[3] 更精确地说，可以把该一般状态设想为两个交叉的水平 U 形体，每个 U 形体代表美术馆内截然二分的公共和私密部分。[4] 两个 U 形体上下叠合在一起，营造了一个被围合的矩形中央空腔。继而，这一体量状态与动势系统叠加在一起，这就必须将形心型的内部动势与线型的外部矢量结合在同一种组织形式之内，而螺旋就是这一结合的必然解决方案。[5] 现在，一般体量的中空即可以被解读为螺旋的旋转中轴。进而，螺旋的叠加必须贯穿上下两层体量组织并逐渐抬升，从而进一步将这些体量分成薄层。[6] 随即，它们被撕裂和打碎，从句法层面上体现了入口矢量的分解，进而演变成具体形式中的梯级状体量平面。因此，可以认为入

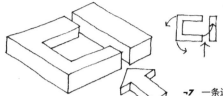

¬7 一条边的分离导致另外三条边产生旋转的趋势。

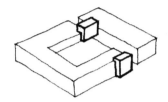

¬8 珠宝室和图书室钳制了体量的旋转。

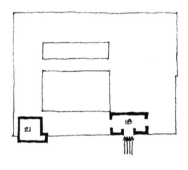

¬9 始于外围的螺旋系统将无法体现一般形式的形变。

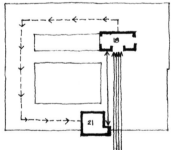

¬10 入口矢量将珠宝室推向后侧；图书室被拉向入口，并终止了螺旋。

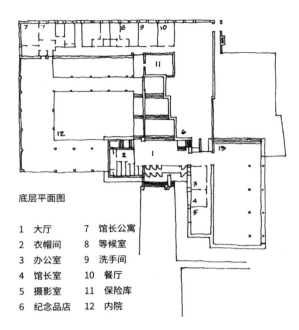

底层平面图

1	大厅	7	馆长公寓
2	衣帽间	8	等候室
3	办公室	9	洗手间
4	馆长室	10	餐厅
5	摄影室	11	保险库
6	纪念品店	12	内院

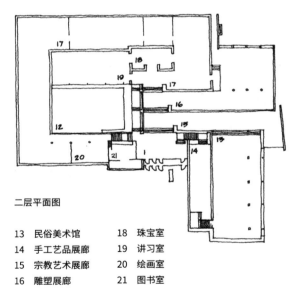

二层平面图

13	民俗美术馆	18	珠宝室
14	手工艺品展廊	19	讲习室
15	宗教艺术展廊	20	绘画室
16	雕塑展廊	21	图书室
17	油画展廊		

口矢量既决定了一般状态，又使其产生了形变。由此产生两种必须纳入系统控制之中的直接后果：第一，一条边从一般内院中分离开来；第二，入口矢量的压迫力进入系统之内。第一种形变使得建筑本身产生了一种旋转的趋势；这一体量的旋转可以看作是与螺旋型动势系统相冲突的 ⁻7，因此必须提供某种对运动的锚固（pinning），一者是为了防止体量的运动，再者为了保持螺旋的形态：可以认为珠宝室（18）和图书室（21）最初是用来牵制这一旋转趋势的要素。⁻8 至于第二种后果，如果螺旋从外围开始，那么它就不能体现外部矢量对一般状态的形变。⁻9 因而，可以认为，有一种定向力量介入一般形式并把位于一般形式外缘的珠宝室（18）推向后侧。与此同时，这一轴线被体量平面 15、16、17 的横切所钝化——可以将这些平面解读为偏转后的螺旋的残迹，并于珠宝室处终止。现在，我们可以认为这个螺旋开始于珠宝室，按逆时针方向围着作为中轴的中央内院运动；内院本身也受入口矢量的影响而易位。螺旋由图书室（21）所终止，而图书室本身同样也因入口矢量的插入而脱离了它原来的转角位置。⁻10 这样一来，随着珠宝室被推向后侧，图书室也被拉向入口，暗示了二者在概念上的关联。可以看出，这两个要素的特定语法与珊纳特赛罗项目中锚固要素上所运用的语法非常类似。入口矢量同样导致民俗美术馆（13）和手工艺品展廊（14）偏离一般内院的位置。⁻11 ⁻12 假定一般状态中图书室位于转角位置，而当我们注意到民俗美术馆和手工艺品展廊的末端关系，两者都以类似的方式对一般条件下的转角进行了刻画，这使得我们的假定更加可信。此外，13 和 14 末端的阶梯状关系为体量平面 15、16、17 的阶梯形递退提供了一种感知层面的预备。一般状态发生了复杂的形变，导致了具体形式在感知层面的模糊性，因为它们不仅可以被解读为一个梯级系列 15、16、17⁻13，还可以被看作是以 15 和 16 的公共边为中线、朝向相反的一对组合；而这条公共边同时还是内院的中轴线 ⁻14。最初，伴随着体块 13 和 14 的扭转，宗教艺术展廊（15）可以被解读为从其一般状态发生了偏转。雕塑展廊（16）可以解读为因入口压迫力而偏转的 [一般状态中] 右上角的一个层块。⁻15 我们现在还可以把珠宝室放在另外一个语境下来考虑：就好像它是由于雕塑展廊体量（16）的偏转而从左上角被拖曳过来的一样，位移到了它在具体形式中的位置。⁻16 这一特定

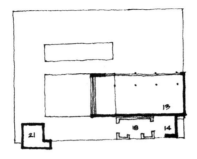

¬11 民俗美术馆和手工艺品展廊的一般状态：13 和 14。

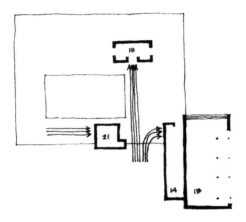

¬12 13 和 14 由于入口矢量而发生形变。

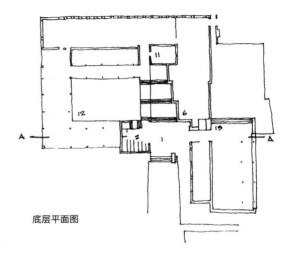

底层平面图

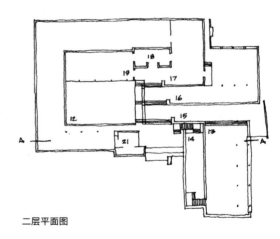

二层平面图

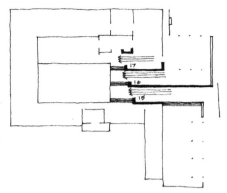

¬13 梯级系列 15、16、17 中存在感知层面的模糊性。

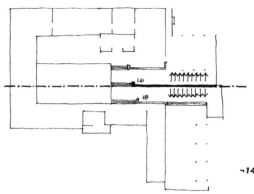

¬14 可以看作是以 15 和 16 的公共边为中线、朝向相反的一对组合。

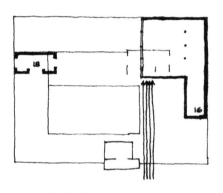

¬15 雕塑展廊被视为一般形式右上角的一个层块。

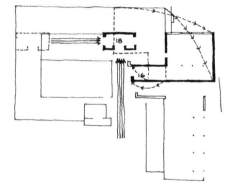

¬16 雕塑展廊（16）由于入口矢量而发生偏转，进而将珠宝室拉拽至其所在位置。

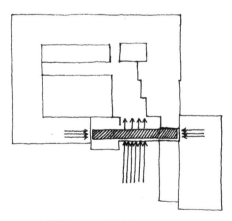

¬17 衣帽间入口和民俗美术馆入口的轴线对入口矢量作了初始切断。

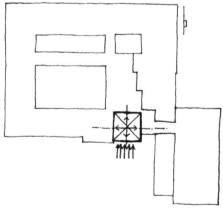

¬18 这一横向轴线定义了方形停留开间，进一步促使入口矢量发生停断。

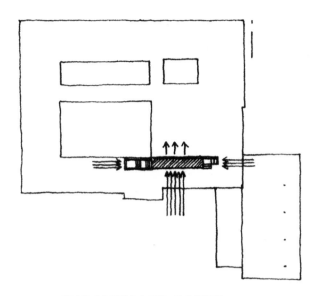

¬19 一对朝向相反的楼梯定义了第二次体量切割。

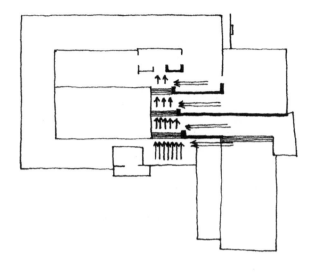

¬20 四个表面形成梯级型，可以认为它们依次弱化了入口矢量。

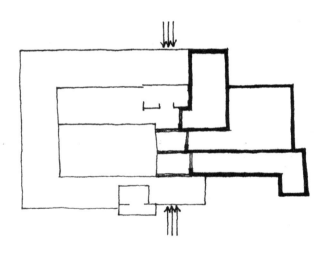

¬21 一般 U 形体将具体挤出形变捆绑在了一起。

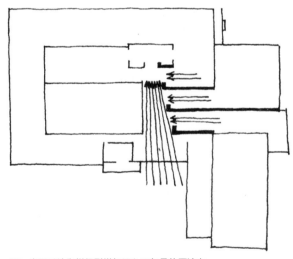

¬22 也可以认为梯级型增加了入口矢量的压迫力。

的语法解决方式再一次与珊纳特赛罗项目中塔楼的易位有着异曲同工之妙。

体量 15、16 和 17 在具体形式中的位置是次级秩序中的一部分，即一个梯级型体量。这一梯级体量是一系列横切平面的一部分，这些平面钝化了入口矢量。最初，入口矢量被横向轴线所横切，这一横向轴线由一侧的衣帽间入口和另一侧的民俗美术馆所定义。[17] 此外，这一横切还可以看作是前厅的方形停留开间（stopping bay）的中轴线。[18] 一对朝向相反的楼梯将前厅与美术馆主体衔接起来，并限定出第二道体量平面，使得入口轴线进一步发生停断。[19] 紧随其后的是由四个相互近似的表面组成的梯级系列；右手边的前部墙体体量（18）既可以被解读为这一序列的一部分，也可以是这一序列的终结。[20] 梯度体量中呈现出了某种微妙的模糊性，因为尽管体量 15 和 16 已是一般状态形变的结果，体量 17 尚处于其一般状态；因而在这一语境下，体块 15 和 16 就可以被解读为从内院易位而来。进而我们可以认为，最顶端的一般 U 形体将一般形式发生的挤出形变（extrusions）捆绑在了一起，防止这些形变与建筑整体彻底脱节。[21] 具体的梯级型发展方式还提供了一种双重的解读：其一，可以认为它通过连续的横切，弱化了入口矢量；但另外，还可以认为它凭借一种有节奏的压缩，增加了入口动势的压迫力。[22] 这样，珠宝室就在概念层面上变得更加重要。它不仅开启了螺旋、终止了梯级，还必须包含入口驱力（entry drive），将其与螺旋动势绑定起来。在最终的具体形式中，这两种诠释都能得到印证。珠宝室体量被顶出一般形式的上层平面，体现了入口矢量的力量；同时，这一额外的高度使得珠宝室体量如同一个栓子，使之成为螺旋的开端。

阿尔托在其系统化发展方式中，通过类似于珊纳特赛罗方案里解决句法需求的手法，体现了水平绝对标准的存在。如同上次一样，具体形式在垂直坐标轴方向上所发生的变形以特定水平面为参照保持了平衡状态。在本案例中，不同于珊纳特赛罗，水平参照面不是内院层，而是地面入口层。[23] 体量 13 和 14 穿破了一般形式的屋顶层。阿尔托以压低内院层的方式进行了补偿和平衡，制造了一种在水平参照上的正与负之间的均衡。[24] 这一方案在功能上和形式上都有若干优点。首先，它为形心形式定义了单一的入口，若非如此，这一入口位置会显得相当随意；

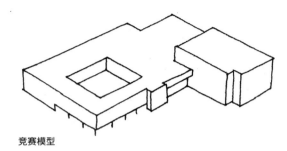

竞赛模型

剖面 A-A

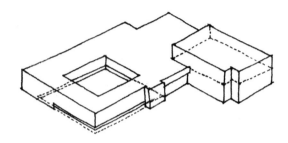

¬23　地面层为水平绝对基准；内院由该层下沉而成，
　　　体量 13 和 14 则穿破了一般形式的屋顶层。

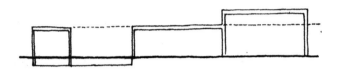

¬24　水平绝对基准上的"正—负"平衡。

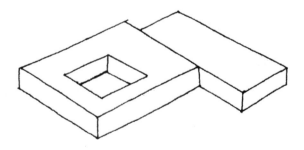

¬25　建筑中的挤出部分可能被解读为线型，与形心形式产生冲突。

第二，它维持了形心形式的可读性——倘若体块没有高低之分，建筑物中整个被挤压出来的部分或许会被解读为线型形式 [25]；第三，内院的沉降提供了一个进入主体量下部办公空间的小型入口。这样，解决形式句法要求的同时，也满足了功能层面的需要。

有趣的是，阿尔托作品中所谓的"有机"式发展——尽管"有机"这个词暗示了与"形式"秩序之间的对立——却可以从形式层面上来分析和理解。即便阿尔托使用的语汇和语法和柯布西耶或特拉尼所使用的并不相同，但这些要素依然是由一套形式句法所规范，拥有一套形式系统的秩序。任何理性秩序的发展都应能吸收任何具体的语法，因为只有在具体语法的运用中，才有可能找到系统化发展方式的秩序，而系统仅仅是将这一语法的本质——它的一般性基础——变得可以理解而已。

朱塞佩·特拉尼
GIUSEPPE TERRAGNI

朱塞佩·特拉尼的两个形心型"内院"方案提供了一种有助于记录形式系统发展的基础，这一基础是用前面几章所讨论的语法和句法所组织起来的。这两个方案均发展自建筑设计任务的要求，实际上就是对形心型的需求。在法西斯宫这个案例中，形心形式可看作是线型轴线的终结，而在圣伊利亚幼儿园中，形心形式是与外部轴线平行发展的。在前者中，内外部需求之间存在冲突，外部矢量在一般先例的形变中发挥了重要作用，导致了具体形式的生成。而在后者中不存在冲突，生成形变的是内部矢量与外部矢量的加和。因为内外冲突需要一个形式上的解决方案，所以法西斯宫的内院可以看作是由形式和功能需求衍生而来的。在这一意义上，圣伊利亚幼儿园外部轴线与内部需求之间相安无事，并未显著地影响内院的概念设计发展；因而，这一内院可以被归类为针对既有条件的"功能性"回应。在各案例中，非常重要的一点是识别和理解所有一般的、未激活的状态所发生的形变，以及这些形变在所选具体系统中的秩序。

在上述情况中，特拉尼的系统化发展方式之中最具特点的是他对"体块—表面"这一辩证关系的运用。他关注的是作为次级系统的内部体量秩序，且仅限于它与首要的"体块—表面"系统构成关联之时。似乎他的系统更多是用作一种表面的秩序，而非体量的秩序；他对体块的关切仅仅出于体块与表面的对立关系。他为这一系列语汇中的每一个要素都赋予了若干种可能的解读，在诸多情形中，他用这样的方式刻意制造了图—底关系的模糊性。例如，法西斯宫可以读解为一个被切割的实体体块，也可以是叠加在一起的一系列平面，犹如一叠纸牌。这些形式上的手法似乎来自他对勒·柯布西耶所运用的"体块—表面"辩证关系的学究式、甚至苦行式的钻研。不过柯布西耶是先提出网格，然后再施以表面或体块，作为网格的衬底；而特拉尼则把这两者混合在一起，得到所需的模糊性。他极其注重那些管控着建筑各个特定方面的句法，以及认识到他需要将这一句法的各种体现方式结合为一个系统。在法西斯宫这一案例中，网格上的每一个坐标都是通过一个三段式构成（tripartite composition）（起始—中部—末端）来表达的。下文将要分析的两个建筑中的形变均涉及某种主导垂直参考面，并且以此体现了"由单一入口进入一般形心形式"这一句法要求。"内院"策略同时还需要一个水平方向上的参照，在两个案例中，特拉尼对此都有着明确的表达。在这个意义上，他的系统化发展方式以及他对于句法要求的体现，或许是我们讨论的四位建筑师中最详尽与精细的，因而为本论文提供了极佳的实证先例。

法西斯宫

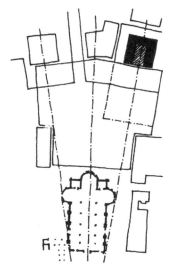

¬1 示意各外部轴线的场地平面图。

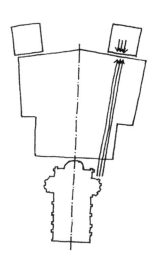

¬2 外部轴线须在具体形式中得到体现。

东北

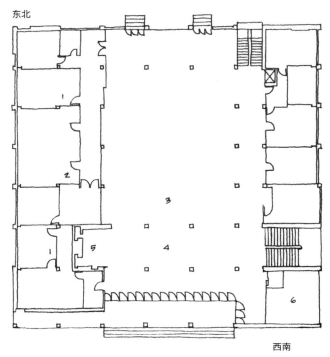

西南

底层平面图

1 办公室
2 会议室
3 内院
4 前厅
5 纪念圣坛
6 保安室

法西斯宫所使用的形式系统的本质，是对形心型平面和线型场地之间的调和的表达。形心形式衍生自建筑设计任务所要求的特定功能：提供一系列与中央内院具有关联的办公空间。在其一般状态下，这一形式暗含"各边同等可及"的意味。然而，它的内部组织仅仅需要一个主要出入口，且这一出入口与场地西南方向的广场构成直接关联。这使得一条轴线从大教堂开始，贯穿整个广场直至建筑物本身，构成了它们之间的初始联系。[1] 这一矢量最初必须在具体形式中得以体现，并同时被具体形式所钝化。[2] 这样，系统就有必要不在其他三边设置出入口；与此同时，一方面必须对单一入口予以体现，另一方面要在建筑的形心型要求和场地的线型要求之间达成精妙的平衡。基于这些句法要求，特拉尼发展出了一套系统，其中的每个要素都具有双重的解读：一种刻意而为且表露在外的模糊性，这种模糊性有关体块和表面两方面，前者表现了一般形式的形心性质，后者则表现了该形式的线型形变。这一系统及它所产生的形变均基于一种预设，即其一般先例为一立方体量。

"内院"既出自功能方面的考虑，也出自形式方面的考虑；中央的体量显然是为了阅兵编队的部署而设置的，编队将会穿过十九道大门进入广场。因此，这一内院与较小的办公室体量之间构成了一种内在的"核心"关联。不过，我们也必须考虑这一主体量在概念层面上的特性。就功能而言，内院仅需一层高，这是由于建筑设计任务并没有对它的具体高度做出固定要求。因此，垂直方向上的具体尺寸必定是基于概念层面的原因：首先，内院是控制区（control area），因而是一个主体量；其次，这一尺寸涉及一整套有关立方体及半立方体的尺寸系统，表现了从一般立方体到半立方体具体形式的形变过程。

最初显现的是一般形式的两个主要形变。[3] 第一个形变是，假定一个中部挖空的立方体被横向一切为二，从而在正交和正面坐标上生成了一种线型形式，且在横断面上保留了形心的正方形。[4] [5] 第二个形变是"中央"内院被易位到建筑后部。[6] 这两个形变以此体现了外部矢量的冲力。

在系统发展中，入口必须具备双重功能，并对各部分的有关句法加以体现：第一，它必须仅在形心形式的一条边上提供内外过渡；第二，促使纵向外部轴线

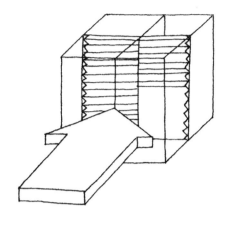

¬3 一般性立方体：四面相等。
纵向轴线的压迫力。

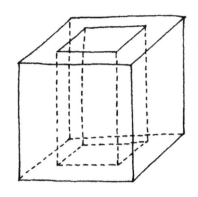

¬4 形心形式中部挖空，
以满足建筑设计任务的需求。

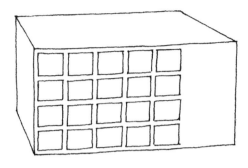

¬7 "体块"的解读体现了立方体的形心性质。

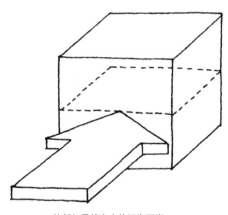

¬5 外部矢量将立方体切为两半。

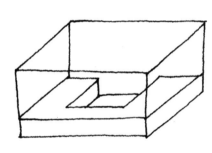

¬6 内院易位至后方。

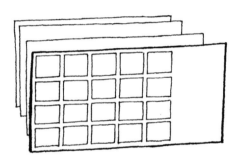

¬8 横跨外部矢量的一系列体量化横向切片。

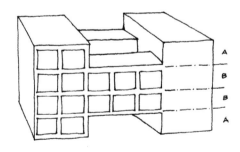

¬9 正面 H 形解读。

的冲力发生停断。既要提供过渡，又要创造初始停顿点，这一矛盾在系统的发展中通过以下两个主题的反复使用而得到解决。首先，假定体块的外部解读能够体现最初的形心立方体；换句话说，实体体块中预设了一个中心点，基于形心要求（centroidal requirements）的矢量将该点激活。[7] 其次，假定这一立方体可以被读解为一系列横切外部轴线的体量平面。[8] 由此，正立面和背立面被表达为与纵轴呈直角的"表面"，而两个侧立面则必须体现这一体量平面序列的存在。与此同时，所有的立面也都必须对一般形心"体块"予以表达。从而，可以将这些表面读解为一般体块受到外部矢量作用而产生的形变。

一般"体块"首先被挖成中空，以此体现中央内院，随后在入口矢量的影响下，这一负体量易位到后部，产生一个具体的 U 形体。U 形体的正面进而成为对轴向冲力的第一道阻挡，同时也为体量秩序提供了一个参照表面。在二层与三层，内院的完整环绕得以还原，而四层则再次对 U 形加以体现。这导致从正立面可以读出一个 H 形，或者是水平方向上各层之间的一个 A-B-B-A 的关系。[9] 在初期设计和最终建成的建筑中，西南立面中间两层水平方向的条带式开窗布局强化了这一 H 形解读。值得注意的是，施加于原本的体块之上的轴向压迫力，在底层和四层的水平坐标上可见，而中空体块的形心性质则在二层和三层上得以保留。

底层平面首先显现了外部轴线对一般形式的形变作用。第一个横向的入口开间被拓宽，用以强调主轴线的初始切割 [10]，并包纳这一开间中所发生的若干次级切割 [11]，以及通过将各个开间延长，体现使得内院向后易位的线性冲力。

通过发展一系列以主导入口立面为参照而受到张力的横向体量平面，底层平面还体现了"由单一入口进入形心形式"这一句法要求。这样就提供了一个次级线型系统，如果我们把这一系统看作是与外部运动的连接，那么就可以认为，它是以句法对形心形式的单一入口加以支配的一次应用。第一道横向切片是结构面，第二道面是由左边墙体的后移所定义的，第三道面是指入口大门的凹进线（recessed line）。所有这些横切层都倾向于分散和打断入口矢量的力，同时使动势缓和地进入立方体。这一横切体量分层系统与柯布西耶在加歇别墅中的策略是类似的。两者系统中的张力都来自一个主导前部参照，并且这一参照还提供了外

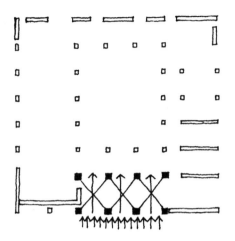

¬10 入口开间的伸长。

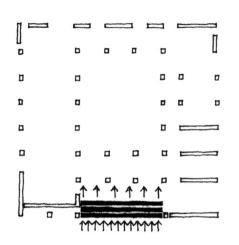

¬11 横向体量平面切割外部轴线。

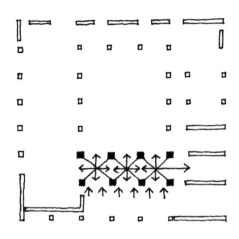

¬12 正方形停留开间。

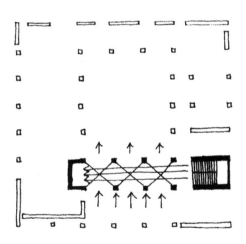

¬13 楼梯的横交轴线被方形开间所强化，
并由纪念圣坛所终止，这一圣坛吸收了压迫力。

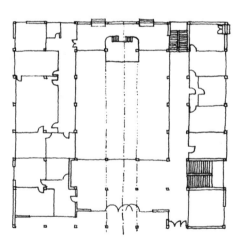

¬14 早期方案：纵向轴线过于主导。

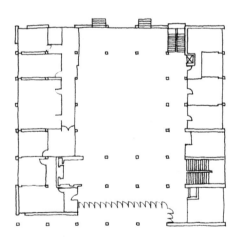

¬15 最终方案：大门在立面上横向铺展；
较次要的大门移至横向位置。

部轴线在概念层面的终止。如果没有发展出这一平面系统，在句法层面解决进入形心形式的单一入口问题就将十分困难。从最外层的主导参考面到入口系列中的最后一个面，横切面系统逐渐扩张。最后这一体量狭缝（volumetric slot）充当了主垂向流线运动控制的停驻点和拐点。[12] 这里的三个方形开间舒缓了压迫力，允许了各个方向上的运动。楼梯的横交轴线被这三个方形开间所强化，并由位于运动系统末端的纪念圣坛所终止，这一圣坛缓冲并吸收了压迫力。[13] 至此，重审更早期的平面图来发现那些使整个系统发展脉络变得明晰起来的变化会很有意思。在较早的版本中，由于入口大门集中在正中的开间，并且这一开间沿着轴线方向与内院后部抬高的平台相联贯，因而可以认为纵向轴线处于过于主导的地位。[14] 入口大门在立面上的横向铺展，以及它们在数量上相应的增加，似乎都在感知层面明确阐释了它们与次级运动系统中的三个"停驻"开间的关联。[15] 在最终方案中，纪念圣坛的进深增大，进一步强调了上述运动系统，体现了主楼梯轴线的压迫力。[15] 连通流线狭缝和内院后方楼梯的大门，从其原本所在的正立面位置移动到了一个横向的位置 [15]，就好像有一支销钉长驱直入抵向后方的楼梯，同时造成一股横向的压迫力，将立面左侧的体块推至其当下的位置，从而在概念层面将各横切面锚定。初始方案中，横切面的秩序还定义得较为松散，最终方案中则已经十分明晰了。

某前期设计中的入口立面显示，特拉尼曾有意将体块和表面对立起来。立面被表述为一个表面，涂成白色，而后面的体块则被涂成黑色，跟立面的"面"泾渭分明。那些前期设计显然都把立面作为网格呈现，而没有任何"体块—表面"双重解读的意图。主立面上所设置的次入口门切穿了立面右侧的平板部分，剥夺了将立面解读为"体块"的可能，从而强化了二维网格（planar grid）的解读。[16]只有在最终设计中，"体块—表面"的辩证关系才在正立面上得以表达，这一系统才被充分强调。这一点是通过去除立面右侧实体部分的切口来实现的。[17]现在便能推断出一种模棱两可的解读：要么认为原本的体块被镂空从而显露出支柱，要么将这些柱子解读为一个由累加过程所产生的表面。立面背后的"体块"和立面的绘制手法相同，使得两者［在视觉上］被拉近。这样，就通过对虚实关系的

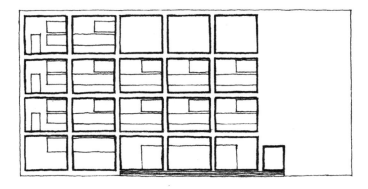

¬16 西南立面入口早期方案：不存在"体块—表面"模糊性；
　　表面在前，体块在后。

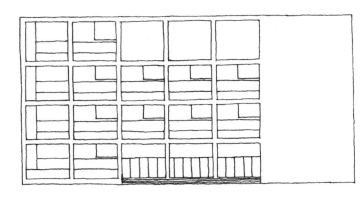

¬17 西南立面入口最终方案：右侧实体中的切口被去除；
　　"体块—表面"辩证关系在立面上得到表达。

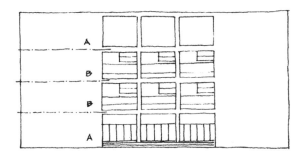

¬18 垂直的 A-B-B-A 序列。

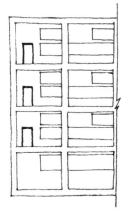

¬20 早期方案：通过竖向排列的
　　小门来终止立面。

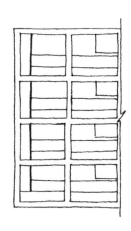

¬21 最终方案：保留转角定义方式的同
　　时，压制了收尾方式的显著感。

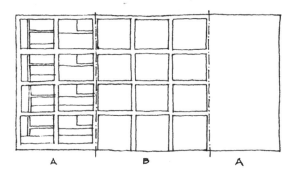

¬19 横跨立面的 A-B-A 序列。

特定处理，呈现出了一种"体块—表面"的模糊性。同时，可以认为内部体块因主轴线的力量而从立面上易位，进而将立面解读为一个表面。

　　特拉尼在垂直坐标和水平坐标上都建立了对正面（frontal plane）的三段式解读，以此体现句法。在入口立面上，这一点是通过在垂直方向上建立一个 A-B-B-A 序列、在横向上建立一个 A-B-A 序列来实现的。[18 19] 如上文所述，垂向解读是通过对底层和四层的中部体块进行切除而达成的，横向解读中则是通过对中央开间的切除加以实现。前期方案中，由一竖列小门构成的垂向解读使入口立面的左侧部分得以收尾。[20] 但这些门也可以被理解为与主轴线平行的体量狭缝，那么就可能产生矛盾，为了避免这一矛盾，特拉尼压制了上述收尾方式的显著感，但同时又将其沿用为转角的定义方式。[21] 他改变了这些开口的大小，使其能够被解读为半正方形，从而使它与立面其他部分的开窗达成和谐的关系，呈现一种"正方形—半正方形"的韵律。

　　系统的"中间"部分由中央内院的体量秩序以及侧立面的"体块—表面"辩证关系来表达。最终方案中，底层通过地面铺装的布置定义了内院朝体块后部的易位，且在入口矢量的压迫力的影响下，内院区域沿着纵向轴线扩张。[22] 在二层和三层平面上，通过后侧办公空间及其紧邻的走廊的布置，使内院恢复到了其中央位置。[23] 这样，内院的形心性质和线型外部轴线都得到了体现。特拉尼还调整了结构开间的比例（10:12），用以补偿最开始对纵向轴线的阻挡、容纳运动系统以及提供两种办公室的尺寸：单开间大小和双开间大小，进而形成双立方和半立方的组合排列。纵向轴线右侧的单开间办公室和次级流线与左侧的双开间办公室达成平衡。[24] 横向轴线一侧是后部的流线和单开间办公室，另一侧通过入口开间的延伸与其达成平衡。[25] 建筑的三段式体量划分从内部产生了一种方格交织效果（plaiding effect），它通过对转角状态的强调，再次体现了形心型先例。[26] 这些转角的处理就像是帕拉第奥式方案中的楼阁；它们在形式上的定义同时还表达了功能上的变化。最终方案中增添的两个电梯以及它们的特定位置进一步加强了这些转角部位的明晰性，且使纵轴方向又增加了一个额外的体量平面。转角处句法在体量系统中的体现为转角状态中功能层面问题的具体处理带来了困难，

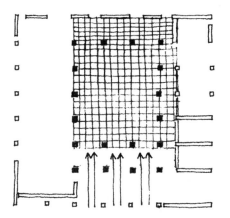

¬22 内院易位后的定义。

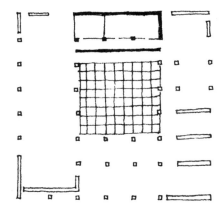

¬23 二层办公室使得内院恢复至其中央位置。

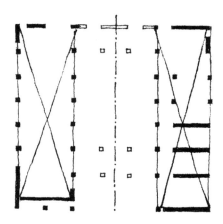

¬24 双开间办公室以及单开间办公室连同走廊在纵向轴线两侧达成平衡。

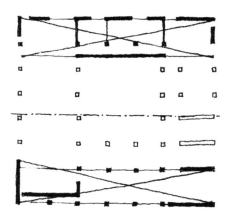

¬25 位于后部的办公室和走廊以及延伸后的入口开间在横向轴线两侧达成平衡。

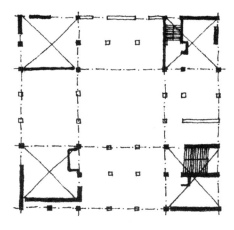

¬26 内部的方格交织体现了形心形式。

这进一步证明了在这一建筑的空间组织中，形式层面的问题具有强烈的优先性。

或许侧立面是最难以在"体块—表面"系统下进行诠释的。由于这些立面并未受到中央轴线压迫力的直接影响，它们必须提供一种关于一般体块的有力解读，且同时需要指示出侧面体量平面的末端之所在。此外，特拉尼还向这些立面引入了第三种诠释；这一诠释涉及建筑所处的场地位置，也就是广场东北边缘。他将东南体块作为一切来自场地的斜向压迫力的终止点。[27] 这样，正如这一体块在西南和东北立面上所呈现的那样，它比建筑的其他任何部分都更能解读出"实体"的意味。在东南立面的处理方式中，我们几乎难以察觉横向切片的存在，这一事实进一步强化了上述诠释。[28] 有趣的是，特拉尼在前期方案中确实试图通过将一竖列窗户从普通开间的右上角移至左上角，以此来为这一立面赋予三段式的横向解读。[29] 然而，这在最终方案中并未得到落实，进一步坐实了上文述及的"脊背"解读 2。必须注意到，这些变化的出现，只能是基于形式层面的原因，因为所有与这些窗户相连的办公室在本质上都是类似的。这一立面上呈现出的唯一的"体块—表面"模糊性在于体块的切割，用以显示最初的（左侧）开间上可能存在的网格。而其余开间的窗户布置则几乎不存在"体块—表面"的二分。然而，西北立面的情况则截然不同。这里，纵向的三段式划分通过窗间墙（spandrel）对中间三个开间的切割而获得清晰的表述 [30]；相对于两侧的末端开间的"实"的解读，这里又有了一种"虚"的解读。然而，横向窗户的布置以及最末端开口的位置创造了一种特定的柱式尺度，同时也带来了模糊的"体块—表面"解读。最右端的狭缝为正立面提供了确切的"表面"解读。在所有立面上，特拉尼有意地淡化了横向楼板的处理，以协助垂直切片的解读。

背立面同样具有双重目的：它既为系统提供了结尾，又以一种与正立面类似的方式表达了横向立面的二维（planar）特质。然而，这一解读必须与入口立面有所不同。前期推敲与最终方案的对照将再次有助于展示该立面中"体块—表面"模糊性的发展过程。两种诠释都清楚地表现了"正面"参照中水平和垂直方向上的三段式 H 形构型。然而，前期方案造成了一种有关纵向狭缝的强烈解读，它与

2　译注：指东南立面如同脊背一般在形式上起支撑作用。

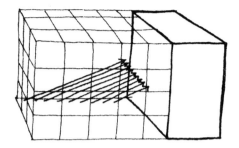

¬27 东南体块终止了一切来自场地的斜向压迫力。

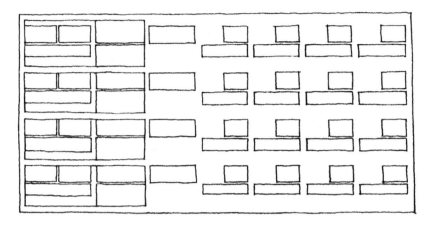

¬28 东南立面最终方案：难以察觉横向垂直切片。

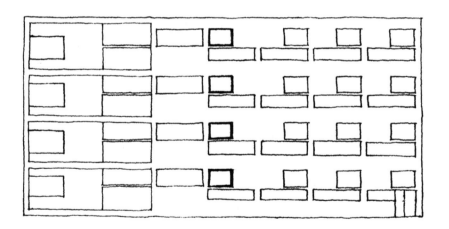

¬29 东南立面早期方案：通过移动一竖列窗户，以尝试呈现三段式横向解读。

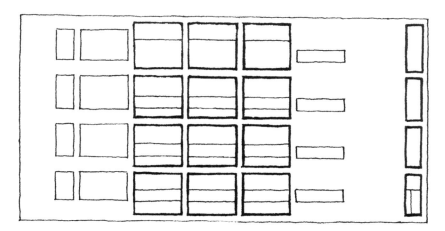

西北立面最终方案：通过中部窗间墙的切割来明确表述三段式纵向划分。

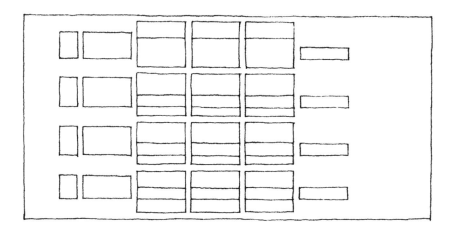

¬30 西北立面早期方案：没有狭缝来定义正立面上的主导表面。

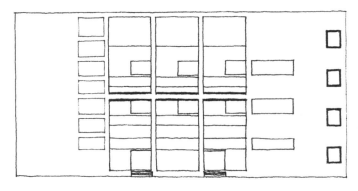

¬31 东北立面早期方案：竖向狭缝的解读甚为显著；右侧
     窗户的下移弱化了水平方向上的"条带"。注意中央水
     平条带在早期方案和最终方案中均是系统的终结。

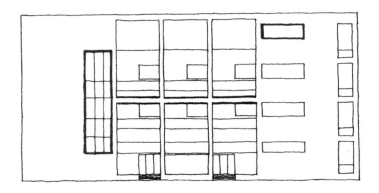

¬32 东北立面最终方案：通过添加窗户，使得右侧窗户在
     水平方向上紧凑起来；大型竖向楼道窗口看起来像是
     穿破了表面。

外部矢量平行，既见于次要楼道的窗户处理，也见于立面最右端窗户的垂直布置。由于右端窗户在垂直方向上的狭缝与下一组窗户的视觉联系较弱，因而在读解中显得更为突出；视觉联系的弱化是由于这些窗户的"下滑"[3]使得横向的解读变得非常困难。¬31[右起]第二组竖向窗口在最上层的遗漏强化了右侧开窗的狭缝性质，并且暗示了一种可能的"体块"解读。最终方案中的一系列调整与上述情况形成了有趣的对照。¬32特拉尼认为有必要在最右端保留一道切口，这样，"体块—表面"的模糊性就能得以延续。若没有这一狭缝，相邻的立面就只可能被解读为"体块"，双重的解读就变得困难了。这一狭缝还必须与相邻一列窗户构成关联，从而使背立面的"表面"解读得以保留。这一点是通过向第二组竖向窗口的最上端添加一个窗口来实现的，从而对右端的网格予以确切的强调，并且在虚实的并置中创造了一种柱式尺度的可能解读。右侧窗户的比例发生了改变，与相邻的窗口序列在水平方向上进一步构成关联。不过，是次要楼道的开窗处理将全套系统整合在了一起。这一楼道在解读上由一组竖向序列变为一个大型竖向窗口，其尺度与之前所用窗口尺寸截然不同。因此，这一窗口在整体系统中举足轻重。可以认为，它所穿透的是一个表面而不是体块。这可以从它穿破立面的方式中加以推断：无边框、未间断。这一"穿破"同时定义了一道最终的横向平面，因为窗口的投影距离补全了平面(plan)上正方形的尺寸。甚至在这一窗户的窗框处理上，特拉尼也展现了那股迫使窗户穿透最终表面的压迫力：开窗时，窗户以与立面平行的方式向前推出。

这样一来，特拉尼就清晰地展现了背立面作为横向切面系统的最后一层的二维解读，并同时秉持了镂空体块的三段式解读方式。两道后门对中央轴线作了小而重要的体现。背立面上的要素以均衡却非对称的方式分布在一条暗含的中轴线两侧，这也进一步强化了我们的解读。

3　译注：原文为"溢散"（slopping），指最右侧竖列窗口的下移。

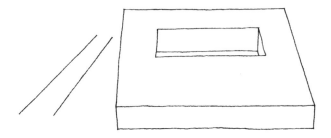

¬1 外部轴线与内部一般状态平行，因此是相对"中性"的。

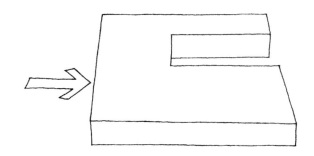

¬2 既存条件的解析衍生出一般U形体。

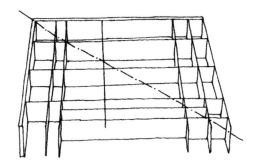

¬3 为了抵消U形体的方向性，在强调西南入口立面的同时，
西北立面亦得到了强调，进而产生一个体量网格。东北
和东南立面被视为薄弱面。

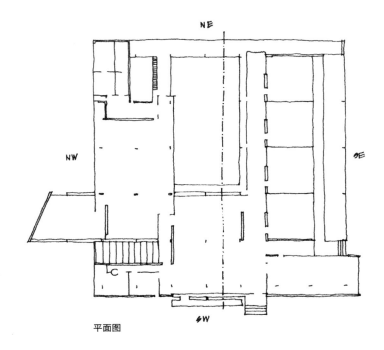

平面图

圣伊利亚幼儿园和法西斯宫形成了一个有趣的对比，因为两者都从一般形心基础上演化而来。然而，在圣伊利亚幼儿园这个案例中，特拉尼的系统控制的发展过程受到了更多的限定，在某种程度上，是一个更加收敛谨慎、更学究范儿的引证。这里，特拉尼无法调用法西斯宫中的"体块—表面"辩证关系，因为他不需要面对他在法西斯宫中所面临的内外冲突的问题。在此例中，外部的主轴线与场地平行，因此相对于建筑的内部条件而言是相对"中性"的。[1]系统在发展过程中必须以某种方式切割这一轴线，从而为建筑规定入口。此外，系统还必须对支配形心形式单一入口的句法予以体现。为了体现这一句法，特定的语法以一个主导面为参照对体量秩序进行了定义；由于并不存在内外冲突，所以仅需运用一个"表面"或平面（planar）系统。不过，与法西斯宫的情况相似，这个仅在单一方向上操作的系统为形心形式提供了一种强势的方向性参照。

由功能方面的要求所促发的最初回应是一个一般 U 形体，它本身即暗含着方向性，且再次强调了入口立面的线型体量秩序。[2]如果过分强调这一方向性，那么就很可能会掩盖一般形心形式的概念基础，于是，通过强调与主导入口表面相邻的西北立面，一个体量格网（a volumetric plaid）得以启用。[3]斜向条件显然与这种系统密切相关，在多数情形下，斜向条件趋于破坏功能的统一性。然而，事实上，正因为需要对抗这一斜向条件，既有条件中的具体句法解决方案反而得到了强化。通过对入口立面的强调和切割，特拉尼创造了一个入口槽位（entry slot），并通过厨房—食堂的发展来打断西北立面的连续性，从而与入口槽位达成平衡。对西北立面的切割趋向于弱化这一立面作为主导参照面的重要性，进而削弱斜向解读的效应。根据外部的街道模式，可以将厨房解读为正交参照，它连接了总体网格。应该注意，尽管特拉尼强调了正面坐标与正交坐标，但他仍然将水平坐标作为绝对参照。相对于法西斯宫，水平绝对基准在此例中的发展是对具体的"内院"句法更为成熟的运用。在最初的方案模型中，特拉尼并未清楚地表述这一绝对参照；厨房体块的屋顶层稍稍高过主体量。[4]在初步探究中，从纯粹的图绘（pictorial）和感知（perceptual）的角度来看，或许前一个方案比后来的实际方案更有意思。不过,本文的分析并不是基于任何建筑的图绘或感知特征来构想的,

水平绝对基准的发展（¬4-¬6）

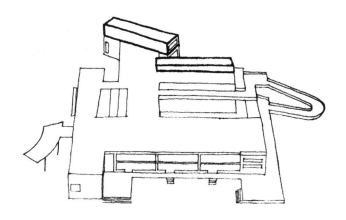

¬4 第一阶段：局部双楼层发展；无水平绝对基准。

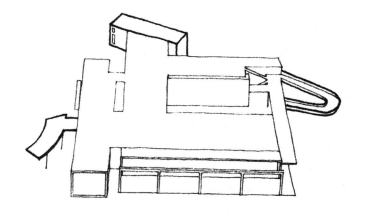

¬5 第二阶段：双楼层元素被去除。

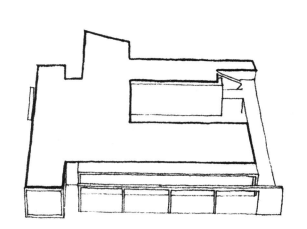

¬6 最终建筑：坡道、厨房体块和入口遮蓬被去除。
　　水平绝对基准得到阐明。

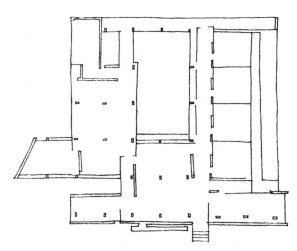

¬7 西南立面的延伸定义了一般性正方形。

而是针对建筑的概念基础以及一般状态的研究。因而，在概念层面上看来，由于所有的形式都必须具备一个绝对的参照基准，所以从计划到执行的过程中，建筑剖面发生了改变，形成了一条单一的水平屋顶线。[5] [6]

体量秩序与相邻的各主导表面有关，且这一秩序的分层（stratification）是由复杂的柱网组织提供的。对这一体量秩序的探究必须从主导面开始。正立面，也就是西南立面看似朝东南侧不断延伸，直到超出建筑边界[7]。然而，事实上，这个面定义了平面中的一般性正方形。通过这一延伸可以看出把这个表面从建筑体块上分离的愿望。再一次与前期方案形成有趣对比的是，在早前的方案中，立面的延伸是作为"体块"处理的，可读解为衣帽间体块的一部分。[8] 而最终方案中，所有"体块"方面的暗示都被隐藏起来，以此避免产生任何"体块—表面"模糊性；最终建成的建筑中，衣帽间末端的墙体全部装上了玻璃，取代了前期方案中的小开窗。[9] 通过对立面本身的具体处理，入口立面的"表面"解读得到强化。它的表达方式使它看起来好似一张悬浮的面。[10] 这种轻盈的特质是对柯布西耶在加歇别墅入口立面上所运用的类似手法的更为明确的表述。这里，特拉尼使用的是相同的方案：将正面元素和水平元素表述为"面"（plane），将正交元素表述为"柱"。圣伊利亚幼儿园中立面与地面之间的分离为"反重力"的概念提供了感知层面的指涉。正立面的延伸也倾向于促使东南立面被解读为一个"薄弱"面或凹进面（recessive side）。

正立面上的穿插显示了它与相邻主导立面的联系，形成了对体量网格的初始体现。这一正面上的切割是通过一个穿透立面的栓状体量实现的，它的功能是小型的入口门廊。[11] 这一栓状体量一直通向中央内院，并体现了两侧槽位体量的存在。这一槽位上出现了一个非常复杂的发展过程，涉及中轴线的易位；由于西北立面被过度强调，导致中轴线受到干扰，它的易位便是为了恢复其两侧的平衡。最初，可以将这一门廊体量解读为位于一般体量中心线上，与其后的立柱分布相对应。[12] 然而，由立柱 4、12、20 和 42 所限定的中心线所参照的网格，并不包括东南屏架（screen）中的柱 8、16、24、31、38、46。可以认为，主立面上的整个开口——其中容纳了入口槽位以及门廊——定义了另外一条中轴线：它所

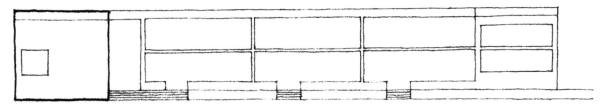

¬8 东南立面早期方案：注意左侧的"体块"解读。

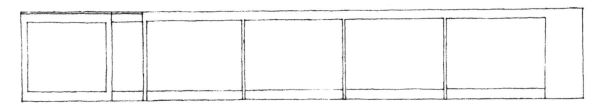

¬9 东南立面最终方案：避免了所有的"体块"解读。

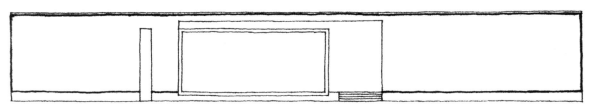

¬10 正立面被处理为一张悬浮的面。

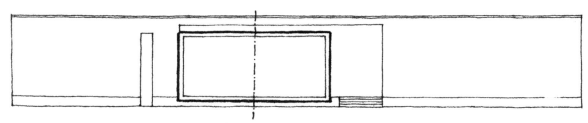

¬11 栓状体量穿透入口立面；它被用作一个小型门廊。

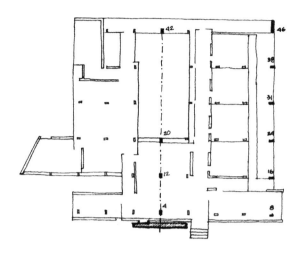

¬12 门廊体量被视为位于柱网中线之上，
但该柱网不包含东南屏架立柱。

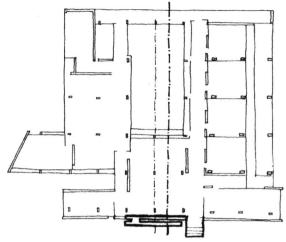

¬13a 完整网格的中线定义了西南立面上的整个开口。

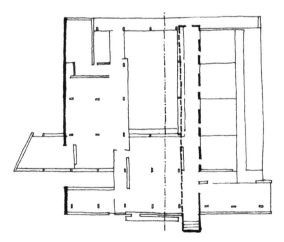

¬14 通过使易位后的入口槽位与受到强调后的西北
立面之间达成平衡，恢复了中轴线两侧的均衡。

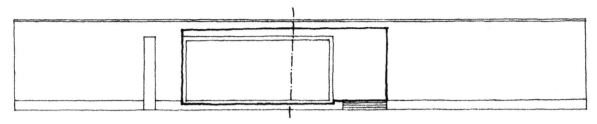

¬13b　立面上的整个开口定义了柱网的中线。

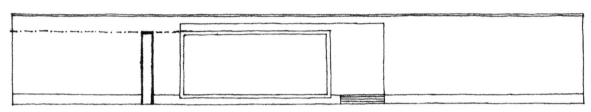

¬15　园长办公室立面上的切口定义了与西北立面构成关联的体量平面。

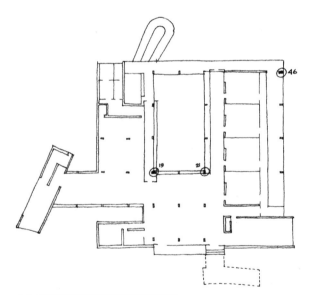

¬16　半完全风车型重新强调了斜向条件。

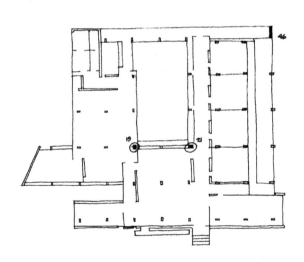

¬17　实施方案：注意柱 19、21 在方向上的变化，以及柱 46 的伸长。

属的柱网包括了东南屏架中的各柱 ¬13a ¬13b。由于门廊与入口立面的中轴线并无关联，就必须以它后面的整个柱网为参照对其加以解读。由此产生的流线槽位（circulation slot）就应被视为体量系统的一部分，该系统与西北立面构成张力关系。再者，西北立面得到强调之后对入口槽位产生了影响，使其易位到了两条中心参照线的右侧。这一易位通过创造体量槽位和主导面之间的平衡，恢复了中轴线两侧的均衡。¬14 最终，入口槽位的位置由两个要素锁死：固定于一条中轴线上的门廊体量，以及固定于另一条中轴线上的整体开口；这两者之间的尺寸差就是入口槽位。与正立面相关的另外两处较次要的标记也印证了上面的假设。园长办公室立面上的切口体现了与相邻的西北立面构成关联的另一道体量平面 ¬15，这一切口的高度对应着门廊体量的高度，进而为所有与西北立面形成张力的体量规定了高度。西南立面的一系列立柱的高度同样与这一已确立的高度相关联，从而体现了该立面与其对面所形成的张力关系。原本，入口立面有一个延伸出去的柱廊，用以与厨房体块达成平衡，不过，如果这两个挤出体量之间达成平衡，就会暗示一种次级系统的解读。柱廊和厨房可以被解读为风车型的两翼，[如果造成这样的解读，] 那么就会从两个方面与特拉尼的系统相悖：首先，半完全风车型这一参照将重新强调斜向条件 ¬16；其次，厨房体块所提供的正交参照很可能会由于风车型而变得模糊。这一探讨假定，特拉尼有意避开了风车的解读，同时将厨房作为正交参照保留下来。以上假设是基于这样一个事实：虽然厨房和柱廊最后都未建成，但绝大多数发表出来的平面图都显示，在建筑师删除外延柱廊的同时，厨房体块却完好无损地保留了下来。¬17 不过，本文的分析并无意于对建成项目中省略某些元素的理由刨根问底。

屋顶线的处理体现了一个绝对水平基准。这个面看起来像一片从垂直表面略微突出的薄檐，从而将两者分离，并进一步证实入口立面的"表面"解读。¬18 在两个主导表面的交叉处有一个关键的结合点，必须以此种方式处理，才能避免不必要的"体块"解读。此外，厨房体块[与建筑主体] 的连接部位实际上割裂了西北立面，必须为该立面提供一些横跨这一断裂区的连续性参照。因此，这一立面被处理为有一个不透明的表面，只有一条带状长窗（ribbon window）切入其中，

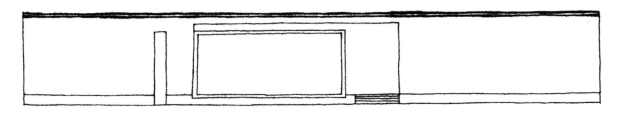

¬18 西南立面：水平绝对基准的定义。

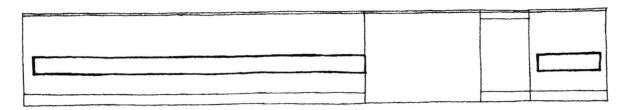

¬19 西北立面被处理为一个不透明的表面，一条带状长窗切入其中，以提供连续性。

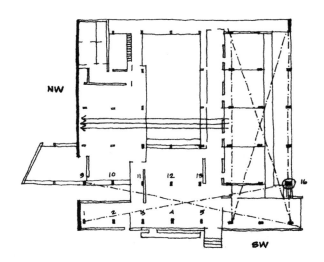

¬20 柱16的解读。

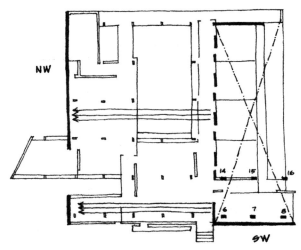

¬21 U形体的右侧翼与西北立面形成张力。

以提供这种连续性。[19] 这个立面被再次打破，在一般性正方形上形成了一个凹角，这不仅防止了西端转角的"体块"解读，也杜绝了任何可能的斜向解读。从西北侧，正立面现在看起来像一个加厚的体量平面。类似地，入口立面的小切口将西侧转角还原为西北立面的一部分，提供了第二种解读。这样，从入口侧看过去，这一立面还可以被解读为一个加厚的体量平面。

正交系统是由一个复杂的柱网秩序所定义的，与主导参照——即正面平面（frontal planes）——之间形成张力。这一秩序的确切发展过程可以在柱网中某些柱子的方向变化上看出头绪。最初，这些立柱在其一般状态下的方向一定与 U 形体和正立面有关。立柱本身就具有方向性，因为它们代表了正交坐标。在具体状态下，可以认为它们与某一主导面形成张力，其特定朝向就被看作是一般状态的一种形变。最初，对东南立面的诠释似乎对于理解柱网布置是最关键的。如果假设这个面是一个薄弱面，那么其"凹进"特征就来自西北立面的吸引力。因此，东南立面的立柱方向必然与西北立面相关。前期方案中，这一薄弱面仅由一排五根立柱所定义：16、24、31、38 和 46，但这些柱子几乎不能作为一个面来提供感知参照，只能被视为一系列分散的元素。最终的建筑中，特拉尼将最末的支撑柱（46）变成了面，与柱子上方的水平构件一同解读时，它便定义出了一个面。这显然降低了转角处模糊解读的可能性，同时趋于强化这一转角——它在概念层面本来可能是更为薄弱的。这里，系统化控制与形心形式的句法要求之间存在矛盾。在这种情况下，特拉尼使句法成为主导，以此定义转角。

整个建筑中，立柱方向的改变进一步定义了体量方格（volumetric plaiding）。在这个意义上，柱 16 的方向似乎是一个关键因素。[20] 它显然试图成为正面体量的一部分，而定义这一正面体量的，是从正立面起，最靠前的两排组织有序的柱子：1—5 和 9—13。不过，柱 16 定义了一个与西北立面形成张力的体量平面，且凭借这一关系转动至其特定方向。事实上，可以认为，来自西北立面的吸引力使得 U 形体右侧翼上的每根立柱都发生了旋转，从而导致右侧翼在概念上有如被拉向该面。这具有在 U 形体的中央部分施加压迫力的作用，同时在体量方格中产生初始的模糊性。具备方向性特征的 U 形体最初必须从占主导地位的入口立面的角

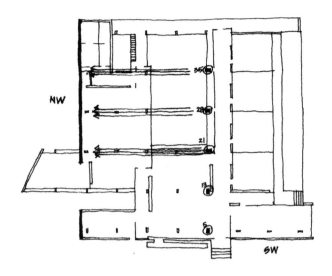

¬22 对中央立柱方向变化的解读。

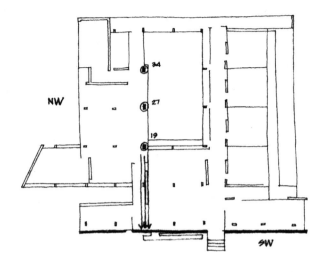

¬23 未受扰动的中央立柱暗示了来自两个主导面的各个矢量的相互交织。

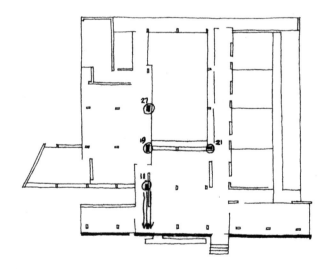

¬24 柱 19、21 的分析。

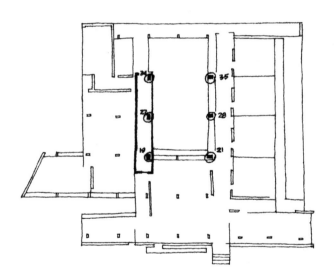

¬25 中央立柱的平衡。走廊遮蔽了柱 19 和 21 的正面解读。

度来解读，而现在右侧翼被视为与次级主导面形成了张力。[21] 而且，U 形体的前翼也发生了形变，因为右侧的六根立柱 6、7、8、14、15 和 16 也因西北立面而转向。

水平方向上的三段式发展中的中段区域，同样显示了由西北立面的拉力所导致的形变。再次，必须假定，一般状态下的立柱相对于 U 形体的主导中心轴而言是具有方向性的。这些立柱再次揭示了交叉方格的效果，因为虽然柱 5 和 13 未受扰动，柱 21、28、35 却被旋转了。[22] 只要认为这些立柱是受到 U 形体右侧翼压迫力的影响，那么就可以很容易地理解这一转向。然而，如果认为它们是因主导面的吸引力而发生偏转，那么就很难解释为什么立柱 19、27 和 34 纹丝不动。如果我们认为两个主导面所产生的方向对立的两股吸引力存在于一种相互交织的模式之中，它们的各个矢量时而得到体现，时而受到否定，如此交替，那么我们就能够理解这一整个系统。[23] 这样一来，西北立面的吸引力使得立柱 21、28、35 发生旋转，它们与该立面的距离比类似的柱组 15、24 和 34 要大，但这一组并未转向。同样，立柱 7、8、15 和 16 发生了旋转，但立柱 1、2、9 和 10 却保持着与入口立面之间的张力。立柱 19 和 21 可以被视为是系统中的两大关键立柱，这二者在早前的方案中都有着不同的解读。[24] 立柱 19 与两个主导面等距，在最终方案中，可将其解读为与正立面形成张力。它的朝向有两个直接的后果：首先，入口立面将被解读为两个主导面中较强势的那一个；其次，立柱 11 和立柱 27 之间具有了一种感知层面的关联，这弱化了食堂和厨房体量上横向轴线的强度。可以认为，立柱 21 的变形将其与立柱 28、35 贯联起来，作为对立柱 19、27 和 34 的平衡。[25] 不过，要不是封闭走廊（enclosed gallery）向前滑移的话，顺主导纵轴线的方向看过来的时候，就会出现一种难以理解的状况。走廊的最终位置使得我们从正面望向立柱 19 和 21 时，不会将它们解读成一对；与此同时，这一位置上的走廊还再次切割了横向轴线。

因此，可以看出，每根立柱和每个表面在其特定位置和朝向上都对整体的系统发展施加着影响。显然，在特拉尼的这两个建筑中，每一个要素的具体形式都是从一种绝对条件中衍生而来的；形式本身只有在概念层面对这一条件进行参照时，才能获取其特定的意义。

5
封闭式与开放式理论

CHAPTER FIVE

CLOSED-ENDED AND
OPEN-ENDED THEORY

习惯上，在这一名为"结论"的章节里，大部分的篇幅都被用来重申前文已经提出过的论述；若果是如此，那就不过是走个书面的过场罢了。不过，对于任何建筑理论来说，我们若能简略地检视一下结论是否有效，这可能还是颇为有益的，而且这么做还能引出一整个更大的问题：理论论述的目的和本质是什么？理论论述或许可以分为两类：封闭式的和开放式的。前者囊括了历史上的大多数建筑理论，以大量的知识储备为前提。在这个意义上，评论家将学科主体视为一个不可变更的实存范畴（category of being）；他关切的，是他所认为的有关这一范畴的永恒标准。他假定目的已知，唯一可能的分歧可能在于手段；他继续向他的范畴中归纳，分析那些实体的本质，在概念层面这些对他来说是清楚明确的。

文艺复兴以来，历经 18、19 世纪，甚至直到 20 世纪，我们都习惯于以一种分门别类的典籍（categorical treatise）的模式，将同时代建筑的种种标准陈列出来。建筑师在典籍中书写他们的训诫（discipline），这样的书，只需要看上几本，以及看看它们的标题，我们就不难相信这一模式在建筑理论的发展过程中占据了多么重要的位置。

所有这些作品的典范一定会追溯到维特鲁威的《建筑十书》。事实上，可以说，诸多后来的理论之所以颇为平庸乏味，与维特鲁威的训言的限制作用脱不了干系。阿尔伯蒂的《建筑论：阿尔伯蒂建筑十书》（*Ten Books on Architecture; De re aedifica-toria*）延续了这一古典传统。他在导言中写道，他的写作缘由来自于他对建筑的定义："我们将建筑看作是一种形体（body），就像所有其他形体一样，这种形体由设计和物质组成，前者产于思想，后者孕于自然；故而前者来自于心智的运用和谋划，而后者则源于充分的筹备与选择。"他随后说，必须探寻适合不同类型建筑的设计。然后他指明了他的理论的目的："我们领悟到线条的合理组织以及线条内部之间相互关系的重要性，'美'的崇高即体现于此；因而，我开始进一步探究，美究竟为何物，在每一座建筑中，什么样的美是适当的。"对阿尔伯蒂来说，理论是封闭式的。理论有其目的，有供其检视的具体参照范围；它的全部内容是固定的，是可穷尽的研究。J.N.L. 迪朗的《建筑学简明教程》（*Précis des leçons*）尽管写于阿尔伯蒂之后近三个世纪，却依然延续着同一模式。无疑，我们得认为，依维特鲁威—阿尔伯蒂的传统来书写典籍,可以说得上是"古调今弹"(retardataire),尽管就他自己的时代而言绝非没有价值。

对迪朗来说,建筑学的目的是公共与私人建筑的构成(composition)与实施(execution):建筑构成的首要目标是公共和私人的功用。不过,对他来说重要的不仅仅是关于美或者其他悦目的事物,更是感知层面和概念层面因素的综合。他说,不论是否把建筑当作一种艺术,建筑的终极目标都并非是为了取悦于人。对迪朗而言,两个重要的因素是合宜性和经济性。合宜性要求建筑必须坚固、健康和宽敞——每个部分的比例都与其用途相称,而经济性则加之以简洁、规整和对称。他的理论的主体内容正是致力于这些观念的发展。至此,迪朗似乎将原本有可能走向开放性的理论转变为了对特定建筑材料及其应用的规范化,以及对各种建筑类型的特定比例系统的规范化,与他的前辈们殊途同归。从而,即便迪朗的结论与阿尔伯蒂式美学是相反的,却仍可说,维特鲁威和阿尔伯蒂对迪朗的方法产生着决定性影响。

继阿尔伯蒂和迪朗的写作之后,19世纪末、20世纪初迎来了一次理论著作的风潮,其中与以上观点最为相关的似乎是加代(Julien Guadet)和舒瓦齐(Auguste Choisy),因为他们的理论仍处于这一"古典"封闭式传统之中,成为被后人效馨的模本。

J.加代在其《建筑的要素及理论》(*Elements et theories d'architecture*)的导言中写道:"我不想成为他们旅行的向导;我只会告诉那些后来者,他们需要带走哪些行李。"这里他所说的是他并不关心未来何去何从,而只是想提供一些工具以供当下使用;于是,他仅关心一个有限的、封闭式的理论。约翰·萨默森爵士在谈到加代的作品时也印证了这一诠释,他说加代的作品是"一系列对类型和要素的讲座形式的散漫研究,延续了封闭式的传统"。加代不过是将这一"老式"途径跟理论混合在了一起,而他的后继者,纳撒尼尔·柯蒂斯(Nathaniel Curtis)和霍华德·罗伯森(Howard Robertson)却似乎通过他们"电炫的"(electric)手段将这类著作的价值遮蔽了。

雷纳·班纳姆在其对奥古斯特·舒瓦齐的《建筑史》(*Histoire de l'architecture*)

的研究中说，舒瓦齐提供了一种以史学语汇表达的单一理论。班纳姆说："他的书，写的是历史，但那是一种单一主旨的历史——形式即技术的逻辑后果——这使得建筑艺术无论在何时何处都能一以贯之。"舒瓦齐本可以依此生成一个开放式理论，但是，又一次，他的著作陷入了对柱式、建筑各部分及其布置等传统学术问题的讨论之中。这些例子只是随机选取的，但在每个例子中，他们都背离了一个道理，那就是建筑的知识本质是从某种"理论"的"观念"、"规则"、一系列的"原理"演变而来的，而这种本质的影响可以分解为各种"要素"。而即便是 [客观] 条件发生了再多变化，这些要素总是被视为经久不变，或者是"封闭式"的。然而，尽管有关建筑知识本质的这一观念到了 1910 年代已经消磨殆尽，这类理论还继续存在着。除了上面这类理论，还有另一类理论，它们似乎为绝大多数当代思想建立了基础。这一类辩论性文章的杰出代表来自洛吉耶神父（Abbe Laugier）、普金（A.W.N. Pugin）和杰弗里·斯科特（Geoffrey Scott）。斯科特的理论中似乎就存在一种开放式理论的可能基础；它允许自身的不断扩张、不断应用。

对斯科特来说，建筑学是一种三重的研究，基于科学的、实用的和美学的标准。建筑应作为一种艺术来研究："它仅仅是一种美学分析，一种最严格意义上的美学分析，它能够使建筑的历史变得清晰可辨，也可以使我们对建筑的欣赏更加完整。"但他坚称，过去的分析被混乱不清的思想所遮蔽，因而表示他的书的第一个研究目标是："回溯查探过往的混乱和困惑，如果可能，就对其进行修正。"他单独挑出文艺复兴时期作为论述的基础，暗示着他的分析可以被运用于任何时期。对斯科特来说，理论不代表限制，它不是一系列的规则，而是过往全部理论的综合，以及未来理论的基础。然而，正是这一通过辩论性文章来书写理论的观念，以及对前一个世纪的传统的封闭式理论的厌恶，导致了 [理论于] 1920 年代早期的大量显现。不幸的是，在建立现代建筑理论基础方面，这些主张似乎并不比前人更加有效；他们对开放式理论的诠释允许了形而上学和史学的介入，却放弃了任何理性和逻辑的尝试。只需要研究这其中的一部分观点就足以说明问题，因为它们全都涉及一个整体的有序环境，以及连续和静态的体量秩序的使用。

不过现代运动至少在另一种传统的态度上表现出了坚定的意识，即建筑一直被视为独立的实体（individual entities）。事实上，正如上文对单体建筑的分析所表明的那样，尽管特定的秩序最初是从外部条件中提取的，但秩序是基于特定情况加以设想的。在大多数情况下，对秩序的探寻已经超越了单体建筑的范围，绝对秩序的概念已被主观诠释所取代。这可以在埃比尼泽·霍华德（Ebenezer Howard）的"花园城市"方案中得见，它本身是客观的，然而在执行中，它却呈现出一种"如画"的特征。总的来说，城市规划已经戒绝了任何一种完全理性的秩序，而是宁愿把自己掩藏在随机性和"有机"的理念之下，而这些理念本身就遮蔽了任何秩序的清晰性，并制造了一种"根本就没有规划"的印象。

但是，如果接受整体有序环境这一观念，那么就必须尝试研究连续和静态组织方式所各自包含的种种可能。这又反过来提出了这一问题：为何现代建筑倾向于传播外部静态实体的理念，却同时使用着连续性的内部组织？从现代运动的主要辩护者们的一些引证来看，这一问题是十分关键的。

1918 年的荷兰风格派运动宣言声称："一种旧意识和一种新意识并存于我们的时代。旧意识关乎个人。新意识关乎普世。"这里暗示了一种对等关系：个体等于静态，普世等于连续——因此，一个历史主义的假设（它很可能是正确的）后面紧跟着一个或然的辩论性假设（a contingent polemic assumption），而后者的合理性更为模糊。

又如瓦尔特·格罗皮乌斯在 1923 年的包豪斯出版物的导言中所说："我们已经可以识别今日世界的理念……旧世界的二元图景——自我与宇宙之间的对立——正在褪色；一个新的大同世界的设想——暗示着所有对抗势力之间的绝对中和——正隐隐浮现。"因此，两种理解都表明，他们对于连续系统的偏好都无可辩驳地建立在道德、哲学和人本主义的基础上；就这一点而论，它们处于严格理性和形式考量的范围之外。新建筑找寻新形式，全然可以预料的是，它应该利用钢铁、混凝土和玻璃的结构潜力，这些材料完美地迎合了"机器浪漫主义"的表现需求。这些都毫不意外，但无法解释的是连续系统的运用中所包含的显而易见的矛盾，这些连续系统中所暗含的是抽象的、进而是个人化和感知层面的参照，而非与"普世社会"的理念相一致的概念层面的参照。同样中肯的一个问题是，

"开放平面"（open plan）的连续体量秩序是否确实是一个内外连续体的真实再现。这一点的可信度似乎更多地依赖于文字中的建筑诠释，而非依赖建筑本身。希格弗莱德·吉迪恩在《空间，时间和建筑》（*Space, Time and Architecture*）中针对［格罗皮乌斯设计的］德绍的包豪斯大楼写道："这些立方体并置在一起、相互关联，它们真的如此微妙、如此紧密地互相贯穿，以至于各个体量的界线已经很难辨认。"

弗兰克·劳埃德·赖特为他自己的建筑赋予了一种不一样的连续性。在《民主的建筑》（*The Architecture of Democracy*）中，他说："古典建筑全都是关于固着性（fixation）的……现在让墙、天花板、地板都变成彼此的组成部分，让它们的表面流入彼此。""［连续性］原理……作为新的美学进入建筑……现在在我的作品中，造型（plasticity）可以被当作连续性的要素。"

然而，事实上这两位建筑师所设计的建筑都只能被认为是静态实体。德绍的玻璃立面仅仅唤起了透明性，并未在概念层面提供任何连续性的意涵。包豪斯大楼依然仅仅是一个明确铰接的风车形式，三个翼的性质各不相同，各自表现了三段式内部组织中的其中之一。它不能被看作是整体秩序的一部分，因为风车型所产生的负体量和正体量完全不在同一个数量级上，所以图—底关系的解读变得困难，与环境的连续性在这个意义上大打折扣。

这一静态状况在赖特的建筑中就更加明显，尤其是前文已经分析过的草原住宅。他大费周章地表述了每一个体量的端部，进而使得所有连续的流动都在感知上得到终结。而当外部体量与内部组织的秩序相互一致时，它们的轴向联系常常是被打破或被施以形变的。

假如笔下的文字与实际的建筑之间存在冲突，责任必定是由前者来承担。正是建筑理论中不准确的、隐喻性的语言，趋于使得理论丧失其批判性效力；而这也有可能是由于道德标准和形式标准的混淆。当代批评家的职责并非诠释和指导建筑学，而是提供一些可以促进作品理解的秩序或参照点。理论既应该抛弃19世纪的历史主义传统，也应该抛弃20世纪的辩论性传统。理论要想获得有效性，就必须以某种方式建立一个基于逻辑一致性的优先次序系统。简而言之，理论的演化应该是为了使原则得以理解，而不是为了使原则得以规范化。理论是基本原理的阐明，它提供了一套用于讨论和理解这些基本原理的语言。为了实现这一目的，理论不应该被当成一种固定套路，或是一只包装精致的礼盒，而应该把它当成一种持续发展的、开放式的方法论。

本篇学位论文仅仅局限于总体问题中的一个阶段，即概念思想的形式化表现，在这一过程中，本文竭力发展出一套基于理性和逻辑的论述语汇。它试图摒除形而上学的考虑以及特定的审美偏好，且没有尝试去解释那些泛滥于现代批评中的不加区分的偏见以及那些浅尝辄止的分析。本文不敢佯装完整，事实上，它只有可能继续不断地发展。

因而，这篇论文仅应被当作是一种方法的展现，当作一种处理建筑学问题的可能途径，也正是因此，其本身就是开放式的。在这个意义上，它可以没有结论，因为它的目的仅在于为概念思考的厘清和阐明提供基础。

后记
AFTERWORD

* 本文原为作者为本书英文版（2006年）而作。

1　译注：即创刊于1930年的英国建筑杂志《建筑设计》（*Architectural Design*）。

1960年春天，我还是哥伦比亚大学建筑系的研究生，师从普西沃·古德曼（Percival Goodman）。此前，我在马萨诸塞州剑桥市的沃尔特·格罗皮乌斯建筑事务所工作，这段经历让我对建筑实践不再抱有幻想。当时我和两个英国人住：后来因波士顿市政厅一举成名的迈克尔·麦金内尔（Michael McKinnell），以及之后与保罗·鲁道夫共事的约翰·福勒（John Fowler）。他俩都是英国硬汉。麦金内尔来自曼彻斯特，福勒来自摄政街理工学院。他们读 *AD*[1]，读雷纳·班纳姆，并且把我介绍给了吉姆·斯特林（Jim Stirling）。你想象得出，在1960年，谈及建筑，我和美国都同样幼稚。

拿到硕士学位后我有三个选择。一是进入实践，因为我拿到了一个委托项目，是在康奈尔设计一个兄弟会会堂。另一个选择是拿着大西洋奖学金（Atlantique Fellowship，富布赖特奖学金的一个分支）去法国，在哥伦比亚大学的罗伯特·布兰纳（Robert Branner）教授的指导下，研究一个鲜为人知的法国教堂的第四教堂正厅。第三个选择是麦金内尔力主的，即去英国剑桥与柯林·罗（Colin Rowe）一同工作。麦金内尔说我做设计的感觉不错，但是要说对于现代建筑的理论和意识形态背景的理解，我还很"愚钝"。

出于某些原因，我选择了去法国。为了满足富布赖特奖学金的要求，我的法语必须达到熟练的程度。我每天学八小时，连学了八周。之后，我登上 SS. 弗兰德号去了法国。船上的六天，我只讲法语。到了勒阿弗尔之后，我又上了去巴黎北站的联运火车。

我急匆匆地打了辆出租车，然后用我最好的法语说我想去圣心街，我弟弟当时住在那里。司机转向我，用一种我从未听过的恼怒而傲慢的语气说："我觉得你还是说英文吧。"于是我在巴黎的停留就这么结束了——"FINIS（完）"。

当我在 1960 年 9 月中旬来到剑桥时，没有想到，我已是"声名在外"了。我为利物浦教堂竞赛提交的方案在 450 来个参赛方案中排到了第 8 名。由于桑迪·威尔逊（Sandy Wilson，即科林·圣约翰·威尔逊）秋季开学时就要去耶鲁，我受邀成为一年级设计课的代理老师。我从未想过教书，但很明显我做得还不错。因为当威尔逊 12 月份回来时，我受邀继续担任一年级教职，而威尔逊被调到了三年级，柯林·罗则在二年级。学年结束时，教授莱斯利·马丁爵士（Sir Leslie Martin）邀请我留下来接受全职职位。因为我没有什么其他安排，所以还挺高兴的。但我告诉马丁说我想做建筑实践。马丁说那不可能。相反，他建议我做的，是一件很不寻常的事：一边教学，一边读博。所以，机缘巧合，我开始一边教书一边写关于现代建筑的博士论文——放在一年之前，这两件事情都不在我的视野内。

那之后的第一个暑假，在与柯林·罗一起游历欧洲三个月后，我知道我想写什么了：一个分析作品，它能将我学着去看的——从帕拉第奥（Palladio）到特拉尼、从拉斐尔（Raphael）到圭多·雷尼（Guido Reni）——联系到一种与现代建筑有关的理论构建之上，不过是从某种形式自主性的视角。这也成就了这篇论文的标题："现代建筑的形式基础"。在次年夏天第二次与罗游历欧洲后，我搬进了他在剑桥的公寓，他自己则搬去了纽约州的伊萨卡，去康奈尔任教。在剑桥的第三年，也是最后一年里，我的想法才逐渐变得清晰。两种截然不同的思想流派让我尤为关注。一个是对克里斯托弗·亚历山大（Christopher Alexander）的论文《形式综合论》（"Notes on a Synthesis of Form"）的回应，这篇论文部分完成于剑桥大学，那时候他还是个数学家；另一个是企图从罗的形式理念想法转离到一种更为基于语言学的形式话语。

接下来的很多年，我都在奋力摆脱罗的影响，这也体现在这篇论文里。如果人们了解到我的作品是在当时形式讨论的"真空状态"下完成的——这篇论文比塔夫里、罗西和文丘里的著作出版时间超前三年——它的幼稚就更加情有可原了。虽然我努力摆脱他的想法，罗对我来说仍然是一个重要的评论者，继续对我产生着影响。比如，那时候他曾给我写信，说特拉尼法西斯宫的那章是他所读到过的关于那栋建筑最好的文字。

在我完成写作之前，莱斯利爵士主动给了我一点建议。他说，35 岁之前，不要出版任何东西。在某种意义上，我无视了他的建议，因为我在 1963 年 10 月的 *AD* 上发表了重新整理后的论文导言部分。但是在另一种意义上，时光流逝，即便不算完全被置之高阁，这本论文却一直未能出版。然而搁置越久，它却似乎变得越发"声名远扬"了。

就像罗西的《一部科学的自传》（*A Scientific Autobiography*），其英文版的出版要先于意大利文版数年，我觉得用另一种语言出版会很有趣。所以在 2005 年，经过多次尝试翻译而未果之后，经由苏黎世联邦理工学院（ETH）及其下属的建筑历史与理论研究所（GTA）在苏黎世出版的德语版本终于面世。韦尔纳·奥克斯林（Werner Oechslin）为该版作了一篇详实且细致的导言。

回顾起来，我想这么些年来没有出版这部论文是一个正确决定。也许现在，历史会战胜有瑕疵的书写和未打磨的想法，来揭示这个早期作品对我后来职业生涯的价值。

这次印成的实物是原书的影印版：所有图都是我亲手绘制的，甚至包括图注。它们都是徒手完成的。我之前必须获得剑桥大学的特殊许可，才得以使用方形版面出版——在正文旁边添加脚注是我自己的想法，要早于诺伯格-舒尔茨（Christian Norberg-Schulz）《建筑意向》（*Intentions in Architecture*）一书的发表。字体的使用则是因为它类似于朱塞佩·帕加诺（Giuseppe Pagano）的 *Casabella* 杂志的行距与字距。最后，安东尼·维德勒（Anthony Vidler），我在剑桥最早的学生之一，为本书写了脚注。

这里要感谢拉尔斯·穆勒（Lars Müller），一位独特又敏锐的出版人，他使一个短暂的传奇终于得见天日。

我经常被问道：对于建筑师，读博的价值是什么？而我总是这么回答的："学会如何消停地坐上三年。"

彼得·埃森曼
2006 年春

参考文献　BIBLIOGRAPHY

专著

Alberti, L.B.: "Ten Books" ("De re aedificatoria") ed. by J.Rykwert. London, 1955.

Argan, G.C.: "Walter Gropius e la Bauhaus." Turin, 1951.

Arnheim, R.: "Art and Visual Perception. A psychology of the creative eye."
    London, 1955.

Becker, Carl L.: "The Heavenly City of the Eighteenth-century Philosophers."
    New Haven, Conn., 1932.

Behne, Adolf: "Der Moderne Zweckbau." Munchen, 1926.

Behrendt, W.C.: "Modern Building." London, 1938.

Benevolo, L.: "Storia dell'Architettura Moderna." Bari, 1960.

Blake, P.: "Marcel Breuer: Architect and designer." New York, 1949.

Blake, P.: "The Master Builders." London, 1960.

Boesiger, W.: "Oeuvre Complete, Le Corbusier." Edited, Zurich, 1937-1957.

Bosanquet, B.: "A History of Aesthetic." New York, 1957.

Bosanquet, B.: The Introduction to "A Philosophy of Art" (Hegel). London, 1886.

Butcher, S.H.: "Aristotle's Theory of Poetry and Fine Art." New York, 1951.

Carpanelli, F.: "Come si costruisce oggi." Milan, 1955.

Cassirer, Ernst: "The Philosophy of Symbolic Form." Vol. I. New Haven, 1953.

Cassirer, Ernst: "The Problem of Knowledge. Philosophy, Science and History since
    Hegel." New Haven, 1950.

de Chardin, Pierre, Teillhard: "The Phenomenon of Man." London, 1959.

Choisy, Auguste.: "Histoire de l'Architecture." 2 vols. Paris, 1903.

Collingwood, R.G.: "The principles of art." New York, 1938.

Curtis, Nathaniel C.: "Architectural Composition." Cleveland, Ohio, 1923.

Dorfles, Gillo: "Barocco nell'Architettura Moderna." Milan, 1951.

Drexler, Arthur: "Ludwig Mies van der Rohe." London, 1960.

Drexler, Arthur: "Thee Drawings of Frank Lloyd Wright." New York, 1962.

Durand, J.N.L.: "Precis des Lecons." Paris, 1802.

Fleming, John: "Robert Adam and his Circle." London, 1962.

Giedion, Sigfried: "Mechanisation Takes Commend." New York, 1948.

Giedion, Sigfried: "Space, Time and Architecture." Cambridge, Mass., 1941.

Giedion, Sigfried: "Walter Gropius." London, 1954.

Gray, Christopher: "Cubist Aesthetic Theories." Baltimore, 1953.

Gropius, Walter: "The New Architecture and the Bauhaus." New York, 1936.

Gropius,Walter: "Scope of Total Architecture." London, 1956.

Gromort, G.: "l'Architecture in Histoire Generale de l'Art Francais de la Revolution a
    nos Jours." Paris, 1922.

Guadet, J.: "Elements et Theories de l'Architecture." 6th ed., Paris, 1929.

Guionebert, Charles: "The Migration of Symbols." New York, 1956.

Gutheim, F.: "Alvar Aalto." London, 1960.

Gutheim, F.: "Frank Lloyd Wright: Selected writings." New York, 1941.

Hamlin, T.: "Forms and Functions of 20th Century Architecture." New York.

Hilbersheimer, L.: "Mies van der Rohe." Chicago, 1956.

Hitchcock, Henry-Russell Jr: "Modern Architecture.Romanticism and Reintegration."
    New York, 1929.

Hitchcock, Henry-Russell Jr: "In the nature of Materials." New York, 1942.

Hitchcock, Henry-Russell Jr: "Architecture of the 19th and 20th centuries." London,
    1958.

Hitchcock, Henry-Russell Jr: "The International Style. Architecture since 1922."
    ed. Philip Johnson. New York, 1932.

Hitchcock, Henry-Russell Jr: "Modern Architecture in England." (with others.)
    New York, 1937.

Jaffe, H.L.C.: "De Stijl-1917-31." London and Amsterdam, 1956.

Jammar, Max: "Concepts of Space." New York, 1960.

Joedicke, J.: "A History of Modern Architecture." London, 1959.

Johnson, Philip: "Mies van der Rohe." New York, 1947.

Kaufmann, Edgar: "Frank Lloyd Wright, Writings and Buildings." New York, 1960.

Kepes, Gyorgy: "Language of Vision." Chicago, 1948.

Klee, Paul: "The Thinking Eye." London, 1961.

Klee, Paul: "Padagogisches Skizzenbuch." (Vol. 2, Bauhausbucher) Dessau, 1925.

Koffka, K: "Principles of Gestalt Psychology." New York, 1948.

Labo, Mario: "Guiseppe Terragni." Milan, 1947.

Labo, Mario: "Alvar Aalto." Milan, 1948.

Langer S.: "Feeling and Form." London.

Le Corbusier: "Apres le Cubisme." Paris, 1918.

Le Corbusier: "My Work." London, 1960.

Le Corbusier: "Le Corbusier et Pierre Jeanneret: Oeuvre Complete, 1910-1929."
    ed. Boesiger, Zurich, 1960.

Le Corbusier: "Oeuvre Complete, 1929-1934." Zurich, 1947.

Le Corbusier: "Oeuvre Complete, 1934-1938." Zurich, 1947.

Le Corbusier: "Oeuvre Complete, 1938-1946." Zurich, 1946.

Le Corbusier: "Oeuvre Complete, 1946-1952." Zurich, 1953.

Le Corbusier: "Oeuvre Complete, 1952-1957." Zurich, 1957.

Le Corbusier: "La Charte d'Athens." Paris, 1943.

Le Corbusier: "New World of Space." Boston, 1948.

Le Corbusier: "Un Couvent de le Corbusier." ed. J. Petit. Paris, 1961.

Le Corbusier: "The City of Tomorrow." London, 1929.

Le Corbusier: "Une Maison-un Palais." Paris, 1928.

Le Corbusier: "Urbanisme." Paris, 1925.

Le Corbusier: "Vers une Architecture." Paris, 1923.

Le Corbusier: "The Marseilles Block." London, 1953.

Manson, G.C.: "Frank Lloyd Wright to 1910." New York, 1958.

Martin, J.L. ed.: "Circle." London, 1937.

Moholy-Nagy, L.: "The New Vision." New York, 1928.

Moholy-Nagy, L.: "Vision in Motion." Chicago, 1947.

Montesi, Pio.: "La Casa, 6. L'Architettura Moderna in Italia." Rome, 1962.

Morrison, H.: "Louis Sullivan. Prophet of Modern Architecture." New York, 1938.

Mumford, Lewis: "The Culture of Cities." New York, 1938.

Mumford, Lewis: "Technics and Civilization." New York, 1938.

Neuenschwander, E.C.: "Alvan Aalto and Finnish Architecture." London, 1954.

Ozenfont and Jeanneret: "Apres le Cubisme." Paris, 1919.

Ozenfont A.: "Foundations of Modern Art." London.

Pagani, C.: "Architettura Italiana Oggi." Milan, 1955.

Panofsky, Erwin: "Meaning in the Visual Arts." New York, 1955.

Panofsky, Erwin: "Studies in Iconology." New York, 1939.

Persico, Eduardo: "Scritti, Critici e Polemici." ed, Alfonso Gatto, Milan, 1947.

Persitz, A. ed.: "L'Oeuvre de Mies van der Rohe." France, 1958.

Pevsner, N.: "Pioneers of Modern Design." London, 1960.

Pica, A.: "Architettura Moderna in Italia." Milan, 1941.

Pica, A.: "Nuova Architettura Italiana." Milan, 1936.

Platz, G.A.: "Die Baukunst der Neuesten Ziet." Berlin, 1927.

Rasmussen, Steen Eiler: "Experiencing Architecture." London, 1959.

Robertson, H.: "The Principles of Architectural Composition." London, 1924.

Rosenau, Heken: "The Ideal City in its Architectural Evolution." London, 1959.

Santayana, George: "The Sense of Beauty." New York, 1921.

Sapir, Edward: "Language. An Introduction to the Study of Speech." New York, 1921.

Sartoris, Alberto: "Architettura Moderna in Italia." Milan, 1941.

Sartoris, Alberto: "Gli Elementi dell'Architettura Functionale." Milan, 1935.

Sartoris, Alberto: "Luci nella Scuola Moderna." Como, 1940.

Sartoris, Alberto: "Encyclopedie de l'Architecture Nouvelle." Milan, 1948.

Scholfield, P.H.: "The Theory of Proportion in Architecture." Cambridge, 1958.

Scott, Geoffrey: "The Architecture of Humanism." Edinburgh, 1914.

Scully, Vincent Jr.: "Modern Architecture." London, 1961.

Smith, E.B.: "Architectural Symbolism of Imperial Rome and the Middle Ages."
    Princeton, 1956.

Van Doesburg, Theo: "Classique-Baroque-Moderne." Paris, 1921.

Veronesi, Giulia: "Difficolta Politiche dell'Architettura in Italia." Milan, 1953.

Weyl, Hermann: "Symmetry." Princeton, 1952.

Whittick, A.: "European Architecture in the 20th century." 2 vols. London, 1950-53.

Wijdeveld, H.H.: "Frank Lloyd Wright." Amsterdam, 1925.

Wittkower, Rudolf: "Architectural Principles in the Age of Humanism." London, 1949.

Wolfflin, Heinrich: "Principles of Art History." Germany, 1915.

Wright, Frank Lloyd: "An Autobiography." London, 1946.

Wright, Frank Lloyd: "Writings and Buildings." ed. Kaufmann. New York, 1961.

Zevi, Bruno: "Architecture as Space" ed. J. Barry. New York, 1957.

Zevi, Bruno: "Architettura e Storiografia." Milan, 1950.

Zevi, Bruno: "Poetica dell'Architettura Neoplastica." Milan, 1953.

Zevi, Bruno: "Storia dell'Architettura Moderna." Turin, 1961.

Zevi, Bruno: "Towards an Organic Architecture." London, 1939.

Zurko, Edward de: "Origins of Functionalist Theory." New York, 1957.

期刊文章

综合类

Otto Senn: "Space as Form." Werk, Dec. 1955. pp. 386-93.

Leo Ricci: "Space in Architecture." Arch. Record, 1957.

Bruno Zevi: "Della Cultura Architettonica" Metron, 31-32. 1949.

Rex Martienssen: "Constructivism and Architecture. A New Chapter in the History of
    Formal Building."

South African Architectural Record, vol. 26. July 1941.

Walter Gropius: "The Formal and Technical Problems of Modern Architecture and
    Planning." R.I.B.A. Journal, May 1934.

F.J. Wepener: "Plastic Exploration." S.A. Arch. Record, May 1937.

I. Matsa: "Architectural Form." Architektura, S.S.R. 1941 (4).

W. Taesler: "Idee und Form." Das Werk, 1942, Feb.

Alvar Aalto: "Varans an passing." Form 10. 1942.

H.M. Navarro: "Introduction to Architectural Theory." Rev. de Arqui., 1943, May.

Nils Ahrbom: "Function and Form." Byggmastaren, 1943 no. 17.

E. Stockmeyer: "Measure and Number in Architecture." Werk, 1943, Nov.

H. Goodhart Rendel: "Style in Architecture." R.I.A.Scot. 1953, Feb.

Prof. A. Blomstedt: "The Problem of Form in Architecture." Arkkitehti, 1958. (12)

Lionello Venturi: "Per l'Architettura Nuova." Casabella, Jan, 1933.

G.C. Argan: "Il Pensiero Critico di Antonio Sant' Elia." Casabella, April, 1933.

H. Russell Hitchcock: "Frank Lloyd Wright and the Academic Tradition of the Early
    Eighteen Nineties."

Journal of the Warburg and Courtauld Institutes, vol. Vll, 1944.

E.H. Gombrich: "The Visual Image in Neo-Platonic Thought." Journal of the Warburg
    and Courtauld Inst., vol. Xl, 1948.

Il Gruppo "7" : "Ristampe" Quadrante 23 and 24 March and April 1933.

G.C. Argan: "The Architecture of Brunelleschi." Journal of the Warburg and Courtauld
    Institutes, vol. IX,1946.

L'Architecture Vivante: 1923-1933.

瑞士学生会馆，勒·柯布西耶

La Construction Modern, Oct. 1933.

Chautiers, Feb. 1933.

Architects Journal, Oct. 1933.

巴黎救世军庇护所，勒·柯布西耶

L'Architecture Vivante, XVI, 1931. pp. 29-36.

库恩利住宅，弗兰克·劳埃德·赖特

L'Architettura, 1956 no. 8.

L'Architettura, 1956 no. 9.

L'Architettura, 1957 no. 16.

塔林美术馆，阿尔瓦·阿尔托

Arkkitehti, 1937.

珊纳特赛罗市政中心，阿尔瓦·阿尔托

Arkitekten, 1953 no. 9-10.

Byggekunst, 1954 no. 1.

Casabella, 1954 no. 200.

圣伊利亚幼儿园，朱塞佩·特拉尼

Costruzioni, Casabella 150, June, 1940.

Il Vetro, Sept. 1939: A. Sartoris, "Un Asilo Infantile in Como."

Case d'Oggi, Milan, Feb. 1940: A. Sartoris, "Asilo in Como."

Guida Ufficine della VII Triennale di Milano. 1940. A. Sartoris.

Valori Primordiali. Milan and Turin, 1938, I.

法西斯宫，朱塞佩·特拉尼

Quadrante no. 3. 1933. pp. 10-11.

Quadrante no. 35-36, 1936. (an exhaustive account.)

Valori Primordiali, vol. I Roma-Milano, Feb. 1938.

Casabella, no. 107. Nov. 1936.

Bauwelt, Feb. 1938.

索引 INDEX

斜体页码指插图位置

图书在版编目（C I P）数据

现代建筑的形式基础 /（美）彼得·埃森曼
(Peter Eisenman) 著；罗旋，安太然，贾若译；江嘉
玮校译 . -- 上海 : 同济大学出版社 , 2018.3
　ISBN 978-7-5608-7760-0

　Ⅰ . ①现… Ⅱ . ①彼… ②罗… ③安… ④贾… ⑤江
… Ⅲ . ①建筑理论 Ⅳ . ① TU-0

　中国版本图书馆 CIP 数据核字 (2018) 第 036602 号

现代建筑的形式基础
THE FORMAL BASIS OF MODERN ARCHITECTURE

彼得·埃森曼（Peter Eisenman）　　著

罗旋 安太然 贾若　译

江嘉玮　校译

出版人 : 华春荣

策　 划 : 秦蕾 / 群岛工作室

责任编辑 : 杨碧琼

责任校对 : 徐春莲

封面装帧 : 马仕睿　付超

内文设计 : 付超

版　 次 : 2018 年 3 月第 1 版

印　 次 : 2018 年 11 月第 2 次印刷

印　 刷 : 上海安兴汇东纸业有限公司

开　 本 : 787mm × 1092mm 1/12

印　 张 : 17.33

字　 数 : 437 000

书　 号 : ISBN 978-7-5608-7760-0

定　 价 : 128.00 元

出版发行 : 同济大学出版社

地　 址 : 上海市四平路 1239 号

邮政编码 : 200092

"光明城" 联系方式 : info@luminocity.cn

luminocity.cn

光 明 城

LUMINOCITY

"光明城"是同济大学出
版社城市、建筑、设计专
业出版品牌，由群岛工作
室负责策划及出版，致力
以更新的出版理念、更敏
锐的视角、更积极的态度，
回应今天中国城市、建筑
与设计领域的问题。